無料＆ノーコード
RPAではじめる
業務自動化

はじめての
Power Automate for desktop

パワー
オートメート
フォー
デスクトップ

株式会社ASAHI Accounting Robot 研究所

技術評論社

◆ご注意

　本書に記載された内容は情報の提供のみを目的としています。したがって、本書を用いた運用はお客様自身の責任と判断のもと行ってください。これらの情報の運用について、技術評論社および著者はいかなる責任も負いません。本書記載の内容は2024年11月現在のものです。以上の注意をご了承の上で本書をご利用ください。

◆使用環境

　本書記載の情報は、特に断りのない限り、以下の環境で使用した場合のものです。

　・Power Automate 2.50.125.24304
　・Windows 11
　・Microsoft Excel

◆商標について

　本文中に記載されている製品などの名称には、関係各社の商標または登録商標が含まれます。本文中では™や®などの記載は省略しています。

◆サンプルファイルのダウンロード

　本書で用いるフローや教材などの一部をサンプルファイルとして提供しています。使い方も同梱しています。展開してご利用ください。

https://gihyo.jp/book/2025/978-4-297-14734-1

はじめに

2025年を迎え、Power Automate for desktopは業務自動化の分野で不可欠なツールとして定着しました。Windows 11への標準搭載が発表されて以来、その利用は爆発的に広がり、今では企業規模や業種を問わず、多くの組織で活用されています。

Power Automate for desktopの進化は目覚ましく、AIとの統合やクラウドサービスとの連携が強化され、より高度な自動化が可能になりました。特に、2024年に導入されたCopilot機能により、自然言語での指示でフロー作成をサポートできるようになり、プログラミングの知識がなくても複雑な自動化がより実現しやすくなりました。

私どもASAHI Accounting Robot研究所は、Power Automate for desktopの前身であるWinAutomationの時代から、「1人1台のRPA」というビジョンに賛同し、その普及に努めてきました。そして今、そのビジョンが現実のものとなりつつあります。

本書は、Power Automate for desktopの基礎から最新機能まで、初心者にもわかりやすく解説しています。アカウント取得やインストールの手順、基本的な機能の説明に加え、実践的なフロー作成方法を学べる内容となっています。

また、2024年に追加された新機能や、初学者がつまずきやすいUI要素についても詳しく解説しています。特に、強化されたExcel操作機能、Web操作機能など、最新のトレンドを押さえた内容を盛り込んでいます。

「Think beyond」——この言葉は今も私たちの指針であり続けています。テクノロジーの進化とともに、自動化の可能性も無限に広がっています。本書を通じて、皆さまがPower Automate for desktopの最新機能を習得し、革新的な自動化ソリューションを生み出すきっかけになれば幸いです。

2025年、「ヒトとロボット協働時代」はさらなる発展を遂げています。本書を手に取られた皆さまと共に、この新しい時代をリードしていきましょう。

ASAHI Accounting Robot研究所

本書の読み方

Sectionタイトル
Sectionの内容を示すタイトルが付けられています。

リード文
Sectionの導入となる内容がまとめられています。

Section番号
章ごとに、Section番号が付けられています。

3-1 | フローの作成

　2-5において、Power Automate for desktopのコンソールとフローデザイナーについて説明しました。実際に業務を自動化するフローを作成するには、このフローデザイナーにアクションと呼ばれる部品を適宜追加し、自動化したい業務の動作をフローで再現する必要があります。

　第3章では、Power Automate for desktopでアクションをフローに追加する方法や、アクションの種類、使い分けの方法といった、実際に業務プロセスをフローで再現するために必要となる基本的な知識と手順について解説します。ここではまず、フローの作成について解説します。

見出し
Section内でテーマごとに見出しで区切って解説しています。

◆ 新しいフローを作成する

　早速、以下の手順に従ってかんたんなフローを作成してみましょう。フローとアクションの詳細はのちほど解説します。

本文
解説の本文です。特に重要な部分は青色で強調されています。

❶ Power Automate for desktopを起動すると、コンソールが表示されます。コンソール上の「＋新しいフロー」ボタンをクリックすると、新規にフローを作成することができます。

フローなし

054

> **インデックス**
> 章番号とそのタイトルが表示されています。

第3章　基本機能と概要

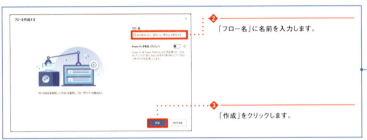

❷「フロー名」に名前を入力します。

> **手順解説**
> 操作手順を1つずつていねいに解説しています。

❸「作成」をクリックします。

❹ フローが作成されます。

　フローを作成すると、フローデザイナーが自動的に表示されます。フローデザイナーの詳細については2-4を参照してください。

COLUMN

フロー名は、用途がすぐに判別できるように、具体的な業務名（「月次売上データ転記作業」「請求書発行」など）を付けるようにしましょう。また、フロー名の先頭に業務分類別の管理番号（「101_購買システム物品登録」など）を付けておくのもよいでしょう。フローが増えた場合でも目的のフローを見つけやすくなります。愛着がわく名前を付けるのもおすすめです。たとえば、モリさんが考案したフローは「モリテック」と名付ける、といったものです。フローに親近感を持たせ、積極的に使ってもらえるなどの効果が期待できます。今回はテスト例のため、フロー名は「RPAテスト」としています。

> **COLUMN**
> 本文を補足する内容や、本文に関連する内容について解説しています。

第 1 章 | RPAとは

1-1 | RPAの概要 014
- RPAが必要とされている背景
- RPAにできること
- RPAに向いている業務

1-2 | RPAの種類 018
- RPAツール選定の重要性
- 価格
- デスクトップ型／サーバー型／クラウド型
- 画像認識型と構造解析型

1-3 | RPAの導入 022
- RPA導入成功の秘訣
- RPAを導入する流れ
- 一人を助けるロボットを作る

第 2 章 | Power Automate for desktopの基本

2-1 | Power Automate for desktopとは 028
- マイクロソフトが提供するローコードツール
- Power AutomateとPower Automate for desktop

2-2 | Power Automate for desktopのライセンス 033
- MicrosoftアカウントとPower Automate for desktop
- Power Automate for desktopのライセンスと機能比較
- Power Automate for desktopのシステム要件

2-3 | Power Automate for desktop のセットアップ 036
- Power Automate for desktopの起動とサインイン

2-4 | Power Automate for desktop の画面構成 039
- コンソール
- フローデザイナー

第 3 章 | 基本機能と概要

3-1 ┃ フローの作成　　054

- 新しいフローを作成する
- フローにアクションを追加する
- フローを動かしてみる
- サブフローを作成する
- 「ここから実行」と「ブレークポイント」

3-2 ┃ アクション　　064

- 「変数」アクショングループ
- 「ワークステーション」アクショングループ
- 「ファイル」アクショングループ
- 「フォルダー」アクショングループ
- 「UI オートメーション」アクショングループ
- 「ブラウザー自動化」アクショングループ
- 「Excel」アクショングループ
- 「メール」アクショングループ
- 「マウスとキーボード」アクショングループ
- 「日時」アクショングループ
- 「フローコントロール」アクショングループ

3-3 ┃ 変 数　　071

- 変数とは
- 変数を使用する

3-4 ┃ データ型とプロパティ　　077

- データ型の種類
- プロパティ
- ダイアログボックス

3-5 ┃ 条件分岐　　087

- 条件分岐のアクション
- 演算子

3-6 ┃ 繰り返し処理　　093

- 3つのループアクション

3-7 ┃ レコーダー機能　　097

- レコーダー機能の特徴

第 **4** 章 | Webブラウザーやデスクトップ アプリケーションの操作

4-1 ┃ Web操作の基本アクション ········· 100
- Web操作を始める前に
- Web操作を行うためのアクション

4-2 ┃ Webブラウザーの起動 ········· 102
- Microsoft Edgeの拡張機能を確認する
- Microsoft Edgeに拡張機能をインストールする
- Microsoft Edgeの設定を行う
- Google Chromeで設定する場合
- Firefoxで設定する場合
- Webブラウザーを起動するフローを作成する
- Webページが表示されない場合の対処

4-3 ┃ Webブラウザーのスクリーンショットの撮影 ········· 116
- Webページを撮影するアクションを追加する
- フローを実行する
- アクションを削除する

4-4 ┃ UI要素 ········· 120
- UI要素とは
- UI要素の使い方
- UI要素の構造

4-5 ┃ Webページの操作 ········· 124
- ここで行うWebサイト操作の内容
- UI要素の追加方法
- Webサイトにユーザー IDとパスワードを入力する
- チェックボックスにチェックを付ける
- 「ログイン」ボタンをクリックする
- 動作確認を行う
- Webページの読み込みが完了するまで待機させる

4-6 ┃ Webページのデータ抽出 ········· 137
- 作業前の準備
- 特定箇所の情報を取得する
- リストまたはテーブルの情報を一括で取得する

4-7 ┃ Webページの移動をともなうデータ抽出 ········· 149
- 「得意先一覧」ページに移動する
- 得意先一覧のデータを抽出する

4-8 | 条件分岐によるデータの絞り込み 154

- データを1行ずつ繰り返し取得する
- 条件分岐でデータを絞り込む
- メールアドレスのデータを変数に格納する

4-9 | データの取得結果をメッセージ表示 162

- 条件分岐でデータの抽出結果をメッセージ表示する

4-10 | デスクトップアプリケーションの操作 167

- 学習を進めるための準備
- UIの操作について

4-11 | アプリケーションの起動とログイン 169

- 作成するフローの確認
- 「ロボ研ラーニングApp」を起動する
- ユーザーIDのテキストフィールドに入力する
- パスワードのテキストフィールドに入力する
- 「ログイン」ボタンのUI要素をクリックする

4-12 | 明細情報入力 176

- 作成するフローの確認
- 「入力画面」ボタンのUI要素をクリックする
- 「製品コード」のテキストフィールドに入力する
- 「受注日」のテキストフィールドに入力する
- 「数量」のテキストフィールドに入力する
- 「登録」ボタンのUI要素をクリックする
- ウィンドウを閉じる

4-13 | PDFの出力 187

- 作成するフローの確認
- 既定のプリンターを設定する
- 「一覧画面」ボタンのUI要素をクリックする
- 「印刷」ボタンのUI要素をクリックする
- 印刷アイコンのUI要素をクリックする
- 「印刷」画面の「印刷」ボタンのUI要素をクリックする
- 「ファイル名」のテキストフィールドに入力する
- 「保存」ボタンのUI要素をクリックする
- 「印刷プレビュー」画面を閉じる
- 「受注一覧」画面を閉じる

4-14 アプリケーション操作におけるテクニック … 199

- ウィンドウにあるUI要素の詳細を取得する
- ウィンドウからデータを抽出する
- ウィンドウでドロップダウンリストの値を設定する
- ウィンドウのラジオボタンをオンにする
- ウィンドウのチェックボックスの状態を設定する

4-15 画像認識でのUI操作 … 204

- マウスポインターを画像に移動させる

4-16 レコーダーを使ったUI操作の自動化 … 207

- レコーダーを利用する
- 画像認識でレコーダーを利用する

第 5 章 | Excelの操作

5-1 Power Automate for desktopによるExcel操作 … 214

- Excel VBAとPower Automate for desktop
- 在庫管理業務を自動化する

5-2 Excelの起動とワークシートの選択 … 217

- Excelファイルを起動する
- Excelワークシートを選択する

5-3 対象データの抽出 … 221

- ワークシートからデータを読み取る
- 保存せずにExcelを閉じる
- フローを実行し読み取ったデータを確認する
- アクション1つでデータを読み取る

5-4 Excel間の転記 … 229

- データテーブルの行数分ループ処理を行う
- 条件に合致するデータを抽出する
- 転記先のExcelを起動する
- 指定したセルに値を書き込む
- 行番号を増加させる

5-5 Excelを保存して閉じる 250

- 現在日時を取得する
- Datetimeをテキストに変換する
- ファイル名に日付を入れて保存する

第 6 章 よく使われる便利な操作

6-1 日付の操作 258

- 年月日や時刻を任意の形式で取得する
- 月初や月末の日付を取得する

6-2 ファイルやフォルダーの操作 261

- 特別なフォルダーを取得する
- フォルダー内のファイル一覧を取得する

6-3 都道府県や部署による分岐 264

6-4 待機処理 265

- 「Web ページのコンテンツを待機」アクション
- 「ファイルを待機します」アクション
- 「ウィンドウ コンテンツを待機」アクション
- 「待機」アクション

6-5 条件分岐で論理式を使用する 269

- AND条件（AかつB）
- OR条件（AもしくはB）

6-6 Excelワークシート内で値を検索・置換する 272

- Excelワークシート内で一致する値を検索する

6-7 データテーブルの操作 277

- 新しいデータテーブルを作成する
- データテーブルの項目を更新する
- 新しい行をデータテーブルに挿入する
- データテーブル内の行を削除する
- データテーブル内で指定したテキストを検索する
- データテーブル内のデータを並び替える
- データテーブル内のデータにフィルター処理をする

第 7 章 | 応用操作

7-1 ┃ UI要素の編集 …… 290
- セレクターのビジュアルエディターとテキストエディター
- セレクターの編集方法

7-2 ┃ UI要素の編集が必要な場合 …… 296
- エラーが表示されている場合（エラー修正）
- Webのリンクを順番にクリックしたい場合（効率化）

7-3 ┃ セレクタービルダーの機能 …… 303
- UI要素（セレクター）のテスト
- UI要素（セレクター）の修復
- UI要素のフォールバック

7-4 ┃ UI要素を調査する …… 308

7-5 ┃ 例外処理 …… 310
- 例外処理の2つの方法
- 例外処理の設定例

7-6 ┃ フローの部品化 …… 313
- フローを部品化して呼び出す

7-7 ┃ 有償ライセンスを使った自動化 …… 315
- 有償ライセンスが必要となる3つの場面
- 自動実行
- クラウドサービス／AI連携
- 運用管理

7-8 ┃ 実践フロー演習問題 …… 318
- 問題
- 解答例

索引 …… 332

第 **1** 章

RPAとは

1-1 RPAの概要

　RPAとは、Robotic Process Automation（ロボティックプロセスオートメーション）の頭文字をとった略語です。主にホワイトカラーのPC業務・事務作業など、従来ヒトが手で行ってきた業務を、パソコン上で動くソフトウェアロボットに代行・自動化させることで、よりヒトでしかできない業務（お客様と接する、計画を立てるなど）にヒトが注力できるようになる技術です。RPAはその特徴から仮想知的労働者（デジタルレイバー）とも呼ばれます。

◆ RPAが必要とされている背景

　なぜRPAが注目されているのでしょうか。第一には少子高齢化による日本の労働人口が減少しているからです。内閣府の「令和6年版高齢社会白書」によると、日本の生産年齢人口（15〜64歳）は1995年をピークに減少しており、2023年の7,395万人が2070年には4,535万人と、約4割減になることが予想されています。年々不足する労働力をどう補うかが大きな課題です。

高齢化の推移と将来推計

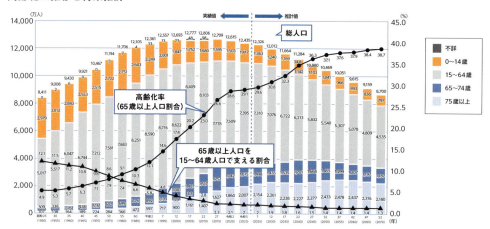

2024年、内閣府、令和6年版高齢社会白書（全体版）、https://www8.cao.go.jp/kourei/whitepaper/w-2024/html/zenbun/index.html（参考）

第二にはIT人材が不足しているからです。経済産業省の「IT人材需給に関する調査」によると、2030年には最大で79万人のIT人材不足が予測されています。つまり、人材不足の対策としてIT化を進めようとしても、ITを進める人材がいないため、IT化が遅々として進まないという状況が目前に迫っています。

　これらの背景と、新型コロナウイルス流行の影響でテレワークを急遽求められたことも、RPAが注目される後押しとなっています。社員一人ひとりの労働生産性を上げるため、少ないIT人材でもデジタル化を進めるため、ヒトの代わりに24時間365日どこでも稼働できる労働者としてRPAが期待されています。

IT人材需給に関する主な試算結果の対比（生産性上昇率0.7%）

2019年、経済産業省、IT人材需給に関する調査、https://www.meti.go.jp/policy/it_policy/jinzai/houkokusyo.pdf より

◆　**RPAにできること**

　RPAはソフトウェアロボットのため、**パソコンさえ起動していれば24時間365日稼働可能であるうえ、ハードウェアリソースが許す限り、複数のロボットを同時に稼働させたり、処理能力を向上させたりすることができます**。単調な繰り返し業務や定期的に発生する業務などを自動化でき、創出された時間を付加価値の高い業務に充てることができるので、人材不足の解消や生産性向上に役立てることができます。たとえば、Webサービスのメッセージ確認業務をRPA化したことで、当該業務の確認時間が大幅に減らせたという事例もあります。

　さらにRPAの特徴として挙げられるのは、**ノーコード・ローコード開発スタイルで**

す。プログラミング言語を利用しない開発手法により、プログラム開発経験がなくても現場主導・主体の自動化を推進できます。専門のプログラマーがいなくても始められるので、コスト的に外注が難しい業務も、現場起点で気軽に自動化に取り組めます。業務プロセスが変わったときも、外注なしで自分たちでフローを変更可能です。立ち上げや変更が迅速にできる、機動力や柔軟さも特徴です。

◆ RPAに向いている業務

たとえば以下のようなパソコン業務をRPAに置き換えることができます。

① 単調な繰り返し
② 誰がやっても同じ結果
③ 長時間続く
④ 深夜や休日の労働
⑤ 待ち時間が多く、待っている間はほかのことができない
⑥ 定期的だが忘れてしまう

　我々はこれらの業務を「ヒトが苦手な業務」と呼んでいます。RPAはヒトが苦手な業務を得意な業務として代行してくれるツールなのです。

　たとえば単調な繰り返し業務を長時間続けると、ヒトは疲労によりミスをしてしまったり、定期的に行わなければならない業務をし忘れてしまったりします。また「誰がやっても同じ結果、成果物になる業務」であれば、やりがいを感じづらくモチベーション低下につながったりしますが、ロボットは作られたフロー以外の作業は行わないのでミスなく長時間単調な作業を行うことができますし、スケジュール設定しておくことで決められた日時に稼働できるので、作業のし忘れもなくせます。また、モチベーションの低下もありません。「ヒトが苦手な業務」をRPAに置き換えることで、効率化が図れ、働くヒトのストレスを削減することも可能になります。

　繁忙期に、大量の資料の印刷業務を社員がいなくなった後の夜間にロボットにやってもらうことで、大量の印刷をする社員、印刷待ちをする社員のストレスが軽減されたという事例もあります。

Robotic Process Automation

▶▶ 認知技術（学習機能・人工知能など）を活用した、主にホワイトカラー業務を効率化する取り組み。**パソコンの中にいるロボットにヒトの作業を代行させる技術**

▶▶ **Digital Labor**（仮想知的労働者）…人間より正確性・処理速度が高く無制限に増やすことができる

▶▶ 得意分野は**「ヒトが苦手な仕事」**
　単調な作業の**繰り返し**
　忘れがちな**定期スケジュール**業務
　長時間に及ぶ作業、**深夜・休日**の作業

> **POINT**
> RPA とは…
> 「ヒトの苦手な仕事を減らす」
> ためのツール

パソコン上の作業
- Excel/Wordの操作
- ファイルの移動
- Webページの操作
- メールの送付
- PDFの操作
- その他デスクトップアプリケーションの操作
- クラウド連携
- これらを組み合わせたフローの構築

RPAで自動化
- Excelの特定行だけを抜き出し新ファイル作成
- Webページの内容をExcelに転記
- 大量のファイルを長期保管用にZIP圧縮
- ファイルの内容をメールで通知

1-2 | RPAの種類

インターネットで「RPA ツール」と検索すると、多くのRPAツールが存在するのがわかります。これらの中から自社に最適なRPAツールを選択するには、ツールそれぞれの性能や特徴を理解する必要があります。

◆ RPAツール選定の重要性

RPAを実現するためのツールにはいくつかの種類があり、価格・機能などに違いがあります。RPAツールの選定は重要です。自社に合ったものを選択しないと、「誰も使わないRPA」「コストの割にはイマイチなRPA」といった残念な結果につながりかねません。ツールの使いやすさや自分たちの想定用途にマッチしているかは、導入前に調査すべきです。Power Automate for desktopは無料で基本的な機能が利用できるので、調査もしやすいです。RPAツールの選定は、ツールそのものの使いやすさだけでなく、導入後の運用や社内での展開（スケール）も考えなくてはいけません。一般的にこういったツールの導入はスモールスタートで始め、効果が見込めたら社内展開していきます。このため導入しやすさ（使いやすさ）だけでなく、展開のしやすさも重要になります。

ロボットの稼働については、自動で起動できるかどうかもポイントになります。スケジュール機能（日時ごとの実行）やトリガー機能（何らかの操作などを契機に実行）は重要です。自動起動が可能だと実行忘れのようなヒューマンエラーがなくなり、深夜の実行なども可能になります。Power Automate for desktopは有償版にスケジュール機能やトリガー機能を備えます。

RPA導入の効果を最大化するためには、立ち上げから展開まで意識したツール選定が重要になります。選定において考慮したいポイントをいくつか紹介します。

◆ 価格

RPAの導入に際しては価格も重要なポイントとなるでしょう。Power Automate for desktopは基本機能は無料で利用でき、追加機能が有料という形態をとっています（P.315参照）。導入を決める前に価格と機能が見合うか、有料ライセンスの有無、使い勝手は調査しておくべきです。

◆ デスクトップ型／サーバー型／クラウド型

RPAには大別して、**デスクトップ型／サーバー型／クラウド型**の3つの構成があります。

デスクトップ型はパソコン1台で作成、運用が完結するもっとも導入しやすい構成です。無料もしくは安価で導入でき、専門知識が比較的必要ありません。ただし、複数台のパソコンを管理する能力が弱いことが多く、俗にいう「野良ロボット（IT部門が管理できていないロボット）」が発生しやすいといわれています。デスクトップ型はRDA（ロボティック・デスクトップ・オートメーション）とも呼ばれます。Power Automate for desktopは、デスクトップ型（RDA）に分類されますが、作成したフローの情報や実行履歴などはMicrosoftのクラウドストレージに保存されるため、クラウドネイティブなRPAで特殊な立ち位置になります。

サーバー型は、サーバー（専用のコンピューター）を必要とする構成です。サーバーでフ

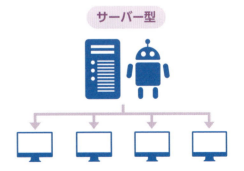

ローの作成・管理、ロボットの稼働状況の監視が可能です。ロボットやフローを一元管理できるので、スケールが容易です。フローを作成するパソコンと実行するパソコンを分けることが可能なため、ロボットの稼働状況により作業を割り振るなど大規模なRPAに適した機能を有します。高度な機能を有する分、ライセンス料が高価なことが多く、また導入も比較的容易ではありません。

　クラウド型はその名のとおり、クラウド上で稼働するRPAです。パソコンにソフトウェアをインストールする必要がなく、アップデートや機能追加が自動的に行われるメリットがあります。導入はもっとも平易でしょう。ただし、Web API（クラウドサービスを外部サービスと接続する仕組み）の利用や、Web上のデータ管理などに用途が限定されることは注意しましょう。パソコンにインストールされるわけではないため、デスクトップアプリケーションの自動化はできません。

　それぞれにメリット・デメリットがあります。**自社の規模、業務の特徴、とくに自動化したい業務の内容などを考慮した選定が必須**です。たとえば、まず企業内の1つの部署で導入、トライアルを経て次第に全社展開するケースで考えます。この場合はデスクトップ型からスタートし、何らかの形で管理運用を行うのが望ましいです。Power Automate for desktopはこのような想定にはぴったりです。当初は無料で導入でき、有償ライセンスを導入するとクラウド上でフローを管理できるようになります。**管理・監視のために高価なサーバーが必要なく、サーバー型よりコストメリットも大きい**です。また有償ライセンスを導入すると、Power Automateと高度な連携が可能となります（2-1参照）。Power Automate for desktopは基本的にはデスクトップ型ですが、柔軟に機能を拡張できるのも特徴です。

	デスクトップ型	サーバー型	クラウド型
メリット	低コスト 最小構成で運用可能	高性能 野良ロボット防止	パソコンに インストールする 必要がない
デメリット	野良ロボットが 発生する可能性 がある	高コスト	デスクトップ 自動化は不可

◆ 画像認識型と構造解析型

操作対象となるボタンや入力欄などの部品をどのようにロボットが認識するかによって、**画像認識型**と**構造解析型**、あるいは両方の機能を備えたRPAに分けられます。

この分類は操作性や性能に影響します。

画像認識型は、**操作対象を画像として登録し、これを実際の画面と照らし合わせて処理対象を特定します**。一般的に開発が構造解析型に比べて容易で、導入後すぐに自動化のメリットが得られやすいです。また構造解析型では対応が難しいアプリケーションも動かせることがあります。しかし、RPAの動作が遅かったり、画面のちょっとした変更で操作ができなくなるといった仕組みに起因する弱点があります。

構造解析型はUI識別型やオブジェクト識別型とも呼ばれます。**Webサイトやパソコン内のソフトウェアの構造を解析して、操作対象のボタンや入力欄などを特定します**。仕組み上、画像認識型より高速に動作します。また、見た目ではなく構造を対象とするため、対象となるウィンドウが最小化されていても（画面上見えていなくても）処理可能です。構造解析型は画像認識型よりやや操作感が直感的ではないですが、慣れれば同程度の作業時間で構築できます。

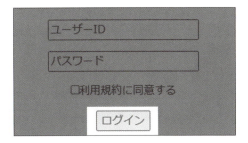

画像認識型（左）では、ボタンなどの対象を画像として認識して処理する。
構造解析型（右）では、Webサイトやソフトウェアの構造を解析して対象を処理する。

Power Automate for desktopは「無料（有償ライセンスあり）」「デスクトップ型（クラウドとの連携機能あり）」「構造解析型（画像認識型も利用可）」のRPAツールです。初心者が導入しやすく、比較的高速に動作します。

1-3 | RPAの導入

　RPAを導入すれば、すぐに効率化や生産性向上を達成できるわけではありません。RPAのセミナーや勉強会では、魔法のようにスムーズに動作するデモンストレーションを目にする機会も多いでしょう。しかし、これはあくまでも説明のためにきれいな例を取り上げているにすぎません。実際の現場ではRPAはよく考えて導入しないとうまくはいきません。効率化や生産性向上の効果を得るためには、「業務の細分化」と「ロボットを成長させること」が必要になります。

◆　RPA導入成功の秘訣

　RPA導入に際して、対象業務の標準化・整流化が重要だといわれます。標準化は処理を統一すること、整流化は処理の流れを整えることです。これを大きな範囲で進めようとすると、難しいことが多くあります。ある業務をRPAで効率化しようとしたとき、担当者や顧客によって処理方法が異なる、処理の流れが違うといったように現実には課題が多々あります。この状態で標準化・整流化を達成しようとすると、関係者間での調整や確認事項が積み重なり、RPAツール導入以前のところでつまずきかねません。

　そこで、我々は**対象業務全体の最適化を考える前に、対象業務を細分化してRPAを適用できる部分を探し出す**ようにしています。たとえば、FAXとメールが用いられる受注業務をまとめてRPAに任せようと思うと、パソコン上で処理の難しいFAXの受注について検討・調整する必要があります。まずはメールでの受注だけをRPA化するとすばやく取りかかれます。このように範囲を限定したほうが、RPAを迅速かつ容易に活用できます。標準化・整流化して自動化しやすい業務プロセスをまとめるのは、それからでも遅くありません。

　「ロボットを成長させる・育てる」という観点も欠かせません。ロボットは構築されたフローどおりの作業をします。そのフローにおいて通常の流れでは発生しないポップアップ表示など、いつもと違う事象が発生した場合、フローは止まります。このように**想定外のことでRPAが止まったとき、RPAは使い物にならないとさじを投げず、RPAを改善していくことが重要**です。例外処理（P.310参照）のフローを構築するなどして、ロボットをより止まらないようにメンテナンスしていくこと、付き合っていくこと

がRPAを成功させる鍵です。

◆　RPAを導入する流れ

RPAの導入推進については、主に以下の6つのフェーズがあります。

①情報収集：社内の課題を解決するツール・技術の情報を集める
②トライ：選定したツール・技術をトライし、その結果を振り返る
③稟議：トライ結果をもとに、社内決済を取って発注する
④展開準備：全社への周知、案件募集や適用業務の選定を行う
⑤開発：選定した業務を自動化するために開発し、テストをしてリリースする
⑥維持管理：稼働確認、改修、統廃合を行う

それぞれのフェーズごとに、進めていく中で気を付けるべきポイントを解説します。

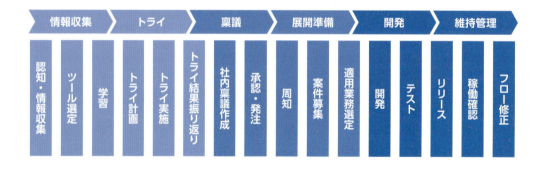

①情報収集フェーズ
　自社に最適なRPAツールを見つける（RPAツールは開発が簡単だができることが限られるもの、開発は難しいができることが多いものなど、それぞれに特徴がある。Power Automate for desktopはその中間的位置でどちらにも対応できる）
②トライフェーズ
　実際に今後開発する人が、今後開発する業務（実際の業務）をサンプルとして本番想定のトライを行う
③稟議フェーズ
　トライした結果から、全社展開が可能なこと、費用対効果がしっかりと見込めることをアピールする

④展開準備フェーズ

RPAとは何か、何ができて何ができないのかを多くの社員に正しく知ってもらう工夫をする（社内報掲載、社内ポータル掲載、動画放映など）

⑤開発フェーズ

自社開発標準を作ることで、開発者の違いによるフロー品質のばらつきや新たに開発担当者になった人への教育のムラを防ぐ

⑥維持管理フェーズ

定期的なフローの稼働確認、フローが動いているかだけでなく、フローが作成したファイルをヒトが使っているかも確認、業務の変更に合わせた改修を計画的に行う

RPAは導入して終わり、ではありません。導入したところがスタート地点です。社内へどんどんと広げていきながら、既存のフローを見直して常にベストな状態を保つ運用が必要です。

◆ 一人を助けるロボットを作る

RPAの導入をスムーズに進めるポイントとして、「一人を助けるロボット」を量産することが挙げられます。

RPA導入に際しては、当然ながら費用対効果を求められます。しかし、このとき成果の最大化を目論んで巨大な業務をRPAに移行しようとすると、標準化・整流化の負担が大きくなって、結局うまくいかないことが多いです。現在は、無料・安価で導入できるRPAツールが増えています。そのため、**小規模なRPAの導入でも、十分に費用対効果のバランスが取れる**はずです。

そこで我々は、「一人を助けるロボット」を量産することをおすすめしています。先述のヒトが苦手な単調な繰り返しなどの業務について、しっかりと手順が明確化されているのであれば、たとえその業務を行っているのが一人だけだったとしても、RPA化していきます。**一人を助けるロボットの量産は、関係者間の調整などの時間と労力を削減できるため、RPA化がスムーズに進みます**。RPA化が迅速に進むので、メリットを早い段階で享受できます。先に紹介した細分化と同等の考え方のポイントです。

実は、一人が行う業務の自動化は、コストパフォーマンスに優れています。**最小限の費用で導入でき、調整の労力もなく、迅速なRPA化が可能なため確実な効果が見込める**からです。今まで小規模で外注によるシステム化などができなかった業務を各自が

RPA化していけば、ちりも積もれば山となるで、全体では非常に大きな時間削減を期待できます。マイクロソフトも、これまで投資対効果を見込めず、エンジニアにアサインできなかった業務を自動化することは非常にビジネスインパクトが大きいと述べています。

　RPA導入のポイントはスモールスタートです。そのために、業務の細分化や「一人を助けるロボット」を駆使しましょう。

　Power Automate for desktopはスモールスタートに最適です。基本的には無料で、高度な監視機能やスケジュール起動などを活用する場合も1ライセンス月額数千円程度から利用可能。ノーコード・ローコードで現場主導で導入できます。これまで費用対効果が見込めず、システム化できなかった一人が行う業務でも、自動化の対象とすることが可能です。

COLUMN

ハイパーオートメーションとは、AI（人工知能）、RPA、プロセスマイニングなどの技術を組み合わせて、組織がビジネス全体を迅速かつ継続的に自動化するためのアプローチです。RPAに加えて、アプリ開発やAIなどより高度な技術を活用することで、単なるタスクの自動化ではなく、複雑で幅広い範囲での業務の自動化が可能となります。
Power Automateは、業務プロセスの自動化を通じてハイパーオートメーションを実現します。これにより、複雑なタスクやワークフローを効率化し、ヒューマンエラーを減少させ、生産性を向上させます。また、AIと連携することで、より高度な自動化が可能となり、企業のDXを加速させ、革新をもたらします。

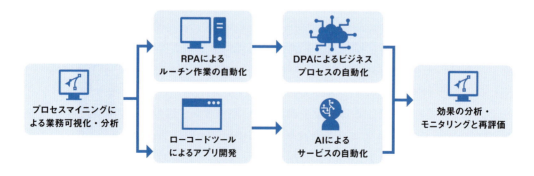

※DPA（Digital Process Automation）は、クラウドベースのサービスやアプリケーション間のワークフローを自動化する機能です。APIベースのコネクタを使用して、複雑なビジネスプロセス全体を最適化し、効率化します。

第 **2** 章

Power Automate
for desktopの基本

2-1 Power Automate for desktopとは

　Power Automate for desktopは、マイクロソフトが提供するPower Automateに含まれるRPA機能の1つで、デスクトップフローとも呼ばれます。人が普段からパソコンを使って行う単純作業や繰り返し作業を自動化できます。2024年11月時点では、Windows 10、11を利用するユーザーは追加費用なしでPower Automate for desktopを使って身の回りの作業を自動化することが可能です。

　では、Power Automate for desktopとは具体的にどういった製品で、どういった機能を備えているのでしょうか。

◆ マイクロソフトが提供するローコードツール

　Power Automate for desktopは「ローコードツール」の1つです。ローコードとは、**少ないプログラムコードの記述で、アプリケーション開発や、処理を自動化する機能の開発が行える**ことで、プログラムコードの記述をまったく行わずに済む場合はノーコードとも呼ばれます。また、**専門的なプログラミングスキルを保有していない人でも開発ができるため、近年注目を浴びている**開発手法、ツールです。

　マイクロソフトが提供するローコードプラットフォームにMicrosoft Power Platformがあり、業務分析・可視化ツールであるPower BI、業務アプリケーション開発ができるPower Apps、業務の自動化やワークフロー関連の機能を備えるPower Automate、Webサイト構築可能なPower Pages、独自のAIアシスタントを作成できるCopilot Studioの5つの製品で構成されます。この中のPower Automateの一機能として、Power Automate for desktopのRPA機能が提供されています。

Power BI
業務分析・可視化

Power Apps
アプリケーション開発

Power Automate
業務の自動化

Power Pages
Webサイト作成

Copilot Studio
オリジナルAIの作成

Power Automateの主な特徴として以下が挙げられます。なお、一部機能は別途有償ライセンスが必要です。

- ローコードであり、非エンジニアでもかんたんに業務を自動化できる。
- さまざまなクラウドサービスと連携することができ、そのための「コネクタ」と呼ばれる部品が1,300以上用意されている。
- 1,600を超えるテンプレートが用意されており、かんたんに業務プロセスを自動化できる。
- AI Builder というAIモデルを簡単に作成、利用可能なツールが利用できる。
- Microsoft 365の中に一部の機能が含まれているため、Microsoft 365を導入済みの場合は、気軽にPower Automateを使ってワークフローを自動化できる。
- パソコン上の繰り返し、単純作業を自動化できる（Power Automate for desktop）。
- タスクマイニング、プロセスマイニング機能が利用でき、業務のボトルネックを可視化し、最適な処理を提案してくれる。
- 生産性向上だけではなく、組織全体で管理・統制するための機能が用意されており、組織全体への展開ができる。

◆ Power AutomateとPower Automate for desktop

　Power Automateは主に、「クラウドフロー」と「デスクトップフロー」という2つの機能により構成されています。さらに、AIを活用したCopilotの機能によって、容易に業務プロセスを自動化するフローを構築できます。

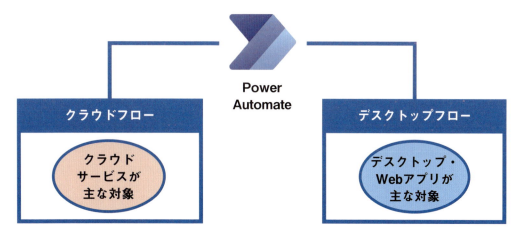

クラウドフローとは、クラウドサービスの連携・自動化を行うもので、デジタルプロセスオートメーション（DPA：Digital Process Automation）に分類されます。クラウドフローが各クラウドサービスどうしを連携させる橋渡しの役割を担います。クラウドフローは、サービスどうしが互いに情報をやりとりするのに使用するAPI（Web API）という仕組みが用意されているサービスに対してとくに有効です。通常、Power Automateと呼ぶ場合は、このクラウドフローを指すことが多いです。

　一方のデスクトップフローは、デスクトップアプリケーションや、API非対応のWebサービスの連携・自動化を行うもので、ロボティックプロセスオートメーション（RPA）に分類されます。デスクトップフローはデスクトップアプリなどの各アプリケーションどうしを横断的に連携させる橋渡しの役割を担います。Power Automate for desktopで作成できるのは、このデスクトップフローです。なお、Power Automate for desktopでWeb APIを呼び出すことも可能です。

　従来は、クラウドサービスを自動化するためと、RPA機能で自動化するためにそれぞれ別のサービスやツールを導入し、使い分けながら業務プロセスを自動化する必要がありました。しかし、クラウドサービスを自動化できるクラウドフローと、デスクトップの操作を自動化できるデスクトップフローそれぞれの機能を持ったPower Automateを利用すれば、一貫して業務プロセスを自動化することが可能となるのです。

クラウドフロー＝DPA

クラウドフローが各クラウドサービスの橋渡しを行う

デスクトップフロー＝RPA

デスクトップフローがAPI非対応のアプリケーションどうしの橋渡しを行う

Power Automate（クラウドフロー）とは

　より詳しく確認していきましょう。クラウドフローのPower Automate（狭義のPower

Automate）は、Microsoft 365やX、Salesforce、Googleサービスなどといった、普段からみなさんが利用しているようなクラウドサービスどうしをつなぎ合わせ、作業を自動化するツールです。ほかにも、クラウド会計ソフトのfreee会計や、Web会議ツールのZoom、クラウドストレージサービスのDropboxやbox、メッセージアプリのLINEなどが、対象のクラウドサービスに該当します。

　Power Automateには、クラウドサービスどうしを連携させるための「コネクタ」と呼ばれる部品が1,300以上用意されており、**さまざまなクラウドサービスどうしを連携させて組織内の業務プロセスを自動化し、各部門間で意識せずに一体的に連携を図ることを可能**にします。

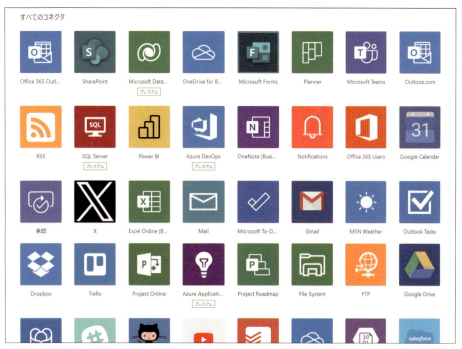

Power Automateには1,300以上ものコネクタが用意されている。
https://make.powerautomate.com/connectors/

Power Automate for desktop（デスクトップフロー）とは

　デスクトップフローのPower Automate for desktopは、普段パソコン上で行っている単純な作業や繰り返し作業を自動化できるツールです。デスクトップアプリケーションだけでなく、API提供の有無によらずWebサービス（クラウドサービス）を自動化できます。

　Power Automate for desktopはWindows 10、11に標準搭載されており、**Windows**

10、11が搭載されたパソコンがあれば、パソコンで行っていた単純な繰り返し作業を、無料で自動化することができます。

Power Automate for desktopの主な特徴としては以下が挙げられます。

・デスクトップアプリケーションやWebアプリケーションの操作を自動化できる。
・マウス操作やキー操作などを自動化するための「アクション」という部品が600以上用意されている。
・レコーダー機能を使って、操作の自動記録（フローの自動作成）ができる。
・有人モード（ユーザーとの対話形式）での利用のほかに、無人モード（ユーザーが関与しない自動実行形式）での利用ができる（別途ライセンスが必要）。
・世界的に高い市場評価を得ている。
・UI要素で操作対象を特定する構造解析型のRPAで、安定かつ高速な処理が可能となっている。
・Power Automate(クラウドフロー)と連携することで、クラウドとオンプレミス環境を問わず、業務プロセス全体を自動化できる。

Power Automate for desktopの市場評価・有用性

Power Appsなどローコードアプリケーションプラットフォーム部門の評価として、サービスを提供するマイクロソフトがリーダーとしての高い評価を獲得しています。また、Everest Group社やGigaOm社などの調査会社が発表した市場評価でも、Power AutomateのRPAツールとしてマイクロソフトはリーダーやスターパフォーマーなど世界的に高い評価を受けています。

Power Automate for desktopは無料でも始めることができる、ノーコード／ローコードのRPAツールです。そのため、投資対効果を考慮して、RPAツールを導入できなかった個人・中小零細企業も非常に採用しやすいです。ビジネス利用を考えて有償のライセンスを導入した場合でも、導入コストはほかの多くのツールの中でも比較的安価で、気軽に身の回りの単純作業や繰り返し行う作業を自動化できるようになります。

さらに、Power Automateを活用して業務プロセスを自動化し、必要な情報を収集、成形した後の活用方法も注目すべきポイントです。ほかのPower Platform製品であるPower Appsを活用した業務アプリの開発や、Power BIでの可視化など、自動化だけにとどまらず他製品と連携したり、機能を拡張できたりするので、プログラミングの知識がなくてもDXを推進できる強力な武器になります。

2-2 | Power Automate for desktopのライセンス

Power Automate for desktopは、Windows 10、11を搭載したパソコンがあれば無料で利用することが可能ですが、使用するパソコンの環境や利用するMicrosoftアカウント、ライセンスの違いによって、利用できる機能に違いが出てきます。具体的に確認していきましょう。

◆ MicrosoftアカウントとPower Automate for desktop

Power Automate for desktopを利用する際には、Microsoftアカウントが必要です。Power Automate for desktopを利用するパソコンは**常にインターネットに接続している状態で、Microsoftアカウントを使用し、サインインしたうえで使用する**必要があります。

Power Automate for desktopで作成したデスクトップフローの情報や実行履歴のログ情報などは、マイクロソフトが提供する個人のクラウドストレージ**OneDrive**上にすべて保存されます。なお、企業内で組織アカウントと呼ばれるMicrosoftアカウントを利用している場合は、フローの情報はすべて、マイクロソフトが提供するデータプラットフォーム**Microsoft Dataverse**上に保存されます。

Power Automate for desktopは、フローの情報や実行履歴がすべてクラウド上で保管されるため、クラウド型のRPAツールという特徴があります。クラウド型のメリットとして、利用していたパソコンが故障した場合に、Microsoftアカウントに、新たなパソコンでサインインするだけで、フローの情報をすべて利用できる、ということが挙げられます。

◆ Power Automate for desktopのライセンスと機能比較

Power Automate for desktopは、Windows 10、11のユーザーであれば追加費用なく利用可能です。無料版とは別に有料のアテンド型ライセンスもあります。利用するMicrosoftのアカウントやライセンス、Windows 10、11のバージョンの違いによって、できることが異なります。

■ OSやアカウントによって異なるPower Automate for desktopの機能

項目	Microsoftアカウント		組織のMicrosoftアカウント※1		組織のPremiumアカウント※2	
OS	Windows 10／11 Home	Windows 10／11 Pro、Enterprise Windows Server 2016／2019／2022	Windows 10／11 Home	Windows 10／11 Pro、Enterprise Windows Server 2016／2019／2022	Windows 10／11 Home	Windows 10／11 Pro、Enterprise Windows Server 2016／2019／2022
フローの情報の保存先	個人のOneDrive	個人のOneDrive	組織の既定環境のMicrosoft Dataverse	組織の既定環境のMicrosoft Dataverse	指定した環境のMicrosoft Dataverse	指定した環境のMicrosoft Dataverse
Power Automate for desktopの利用、フローの作成	○	○	○	○	○	○
有人実行（手動での実行）	○	○	○	○	○	○
トリガー／スケジュール起動による無人実行（クラウドフローからの自動起動）	×	×	×	×	×	○（完全自動実行※3の場合は、Power Automate Processのライセンスが必要）
フローの稼働監視、ログの表示	×	×	×	×	○	○
デスクトップフローの共有	△（コピー＆ペーストによる共有）	△（コピー＆ペーストによる共有）	△（コピー＆ペーストによる共有）	△（コピー＆ペーストによる共有）	○	○
デスクトップフローの共同開発	×	×	×	×	○	○
デスクトップフローの開発権限や実行専用権限などのアクセスレベル管理	×	×	×	×	○	○
AI Builder、1,300以上のコネクタ利用	×	×	×	×	△（クラウドフローからデスクトップフローの呼び出しが不可）	○

※1 組織のMicrosoftアカウント：学校または会社のMicrosoftアカウント
※2 組織のPremiumアカウント：Power Automateの有償ライセンスを保有しているアカウント（Power Automate Premium）
※3 完全自動実行：トリガー実行やスケジュール実行により自動的にデスクトップフローを呼び出しする際、Power Automate Processライセンスが必要
※出典：https://www.microsoft.com/ja-jp/power-platform/products/power-automate/pricing
※2024年11月時点

◆ Power Automate for desktopのシステム要件

Power Automate for desktopの利用条件は、Microsoftアカウントを保有し、Power Automate for desktopにサインインしていることだけです。ただし、Power Automate for desktopを適切に動作させるためには、マイクロソフトから推奨されているシステム要件を満たす必要があります。フローが操作するデスクトップアプリケーションやWeb アプリケーションに必要なシステム要件は、それぞれに依存することに注意してください。

■システム要件

OS	Windows 10（Home、Pro、Enterprise）、Windows 11（Home、Pro、Enterprise）、Windows Server 2016、Windows Server 2019、Windows Server 2022（ARM プロセッサを搭載したデバイスはサポートされていません）
最小のハードウェア構成	ストレージ：1GB RAM：2GB
推奨のハードウェア構成	ストレージ：2GB RAM：4GB GPU acceleration
その他	.NET Framework バージョン 4.7.2 以降 利用するパソコンがインターネットに接続されていること

また、Power Automate for desktopは製品のアップデートが速く、アプリケーションのバージョンもその都度更新されます。そのため、「正常にフローの開発画面が表示されない」、「正常に動作していたフローがエラーになってしまう」といった事象が発生した場合は、**Power Automate for desktopのアプリケーションが最新版であるかも、あわせてチェックしましょう。**

なお、本書ではPower Automate for desktopの無料で利用できる内容について解説します。有償ライセンスで利用できる範囲については第7章で解説します。

2-3 | Power Automate for desktop のセットアップ

　Windows 11では、標準機能としてPower Automate のアプリケーション（Power Automate for desktop）が標準搭載されており、Microsoft アカウントでサインインすることですぐに業務プロセスの自動化に取り組むことができます。

◆ Power Automate for desktopの起動とサインイン

❶ デスクトップのタスクバーにある■をクリックし、スタートメニューを表示します。

❷ スタートメニューの検索欄に「Power Automate」と入力して検索します。

❸ 見つかった「Power Automate」アプリケーションをクリックします。

COLUMN

検索でPower Automateアプリケーションが見つからない場合（とくにWindows 10を使用している場合）は、「https://learn.microsoft.com/ja-jp/power-automate/desktop-flows/install」からPower Automate for desktop アプリケーションのインストーラーを入手し、インストールを行いましょう。

第2章　Power Automate for desktopの基本

　ツールバーの「検索」に「Power Automate」と入力し、表示された検索結果からPower Automate for desktopを起動することも可能です。

　また、ひんぱんにPower Automate for desktopを利用する場合は、スタートメニューにピン留めしたり、デスクトップにショートカットを作成したりして、スムーズに起動できるようにしましょう。

4 Power Automateアプリケーションを起動して最初に表示される画面で、「サインイン」をクリックします。

COLUMN

Microsoftアカウントを保有していない場合は、「https://account.microsoft.com/」にアクセスし、「アカウントを作成する」をクリックして、アカウント作成を行います。

037

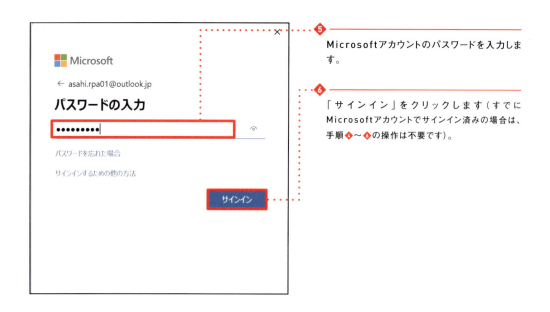

❺ Microsoftアカウントのパスワードを入力します。

❻ 「サインイン」をクリックします（すでにMicrosoftアカウントでサインイン済みの場合は、手順❹～❻の操作は不要です）。

❼ Power Automateへのサインインが完了し、下の画面が表示されます。

　これで実際にPower Automate for desktopを使って、デスクトップアプリケーションやWebアプリケーション操作などを自動化するフローを作成できるようになりました。

2-4 Power Automate for desktop の画面構成

Power Automate for desktopの導入が完了しました。まずは実際に使用する前に、Power Automate for desktopの画面構成を確認していきましょう。

◆ コンソール

コンソールとは、Power Automate for desktopの起動時に、最初に表示されるウィンドウです。ユーザーはコンソールウィンドウで新しいフロー（デスクトップフロー）の作成や編集、フローの実行のほか、チュートリアルの実施、サンプルフローの参照などを行います。

ホームタブ

ホームタブは、最初に表示されるホーム画面の役割をしています。チュートリアルの実施や、フローの作成などを行います。

① アカウント：サインインしているアカウント名が表示されています。

② 新しいフロー：新規でフローを作成するボタンです。フローデザイナー（P.44参照）が開きます。

③ 設定：Power Automate for desktopに関する設定が行えます。

④ ヘルプ：マイクロソフトが提供しているドキュメントページへのアクセスや、Power Automate for desktopのバージョン情報の確認などが行えます。

⑤ フローの検索：自分のフローのリストからフローを検索することができます。

⑥ タブ：ホームタブ、自分のフロータブ、自分と共有タブ、例タブの切り替えができます。

自分のフロータブ

自分のフロータブは、フローの作成や編集、実行を行う画面です。

フローの新規作成

① コンソールウィンドウの左上にある「＋新しいフロー」をクリックするか、フローを1つも作成していない場合は「＋新しいフロー」をクリックして、フローを新規作成します。

フローの編集

① フローをダブルクリックするか、✎をクリックすると、フローデザイナーが開きます。フローを編集します。

フローの実行

① フローを選択し、▷ をクリックすることで、デスクトップフローを実行することができます。

フローの実行中は、「ステータス」が「実行中」になるため、フローの実行状況などが確認可能です。

コンソールの設定

①「設定」をクリックします。

❷ 「設定」でPower Automate for desktopに関する設定ができます。アプリケーションの自動起動設定や、フローが実行していることを通知するWindows 10、11の通知設定、ショートカットキーで実行中のフローを停止するための設定などが行えます。

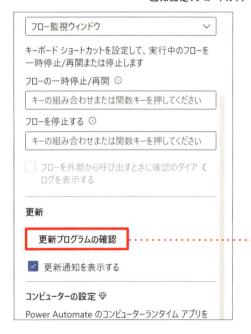

❸ 「更新プログラムの確認」で、Power Automate for desktopアプリケーションの更新プログラムがあるかどうかを確認することができます。「更新通知を表示する」にチェックを付ければ、更新ダイアログで通知するように設定できます。

自分と共有タブ

　自分と共有タブでは、ほかのユーザーと共有したフローが参照できます。この機能を使用するには、別途有償ライセンスが必要です。有償ライセンスでできることについては第7章で解説しています。

例タブ

　例タブでは、デスクトップフローのサンプルフローを参照することができます。サンプルフローをコピーしてデスクトップフローの使い方を学んだり、業務プロセスに応用したりすることが可能です。

◆ フローデザイナー

　フローデザイナーは、フローの作成や編集を行う画面です。フローデザイナーには、フローの作成やデバッグ（テスト）をするために必要な機能が含まれており、変数やUI要素、画像の管理ができます。フローデザイナーは複数の要素によって構成されています。それぞれの要素について順に解説します。

1. アクションペイン
2. ワークスペース
3. サブフロータブ
4. 変数ペイン
5. UI要素ペイン
6. 画像ペイン
7. エラーペイン
8. メニューバー
9. ツールバー
10. 状態バー

アクションペイン

　アクションペインは、Power Automate for desktopの自動化処理の機能、**アクション**がまとめられた表示領域です。すべてのアクションは機能ごとにアクショングループとして分類されています。

アクションペインにある検索バーに特定のアクション名を入力することで、かんたんに特定のアクションを見つけることができます。なお検索バーでは、「部分一致」でアクションが検索されます。

アクションペインからアクションをワークスペースにドラッグするか、アクションをダブルクリックすることで、ワークスペースにアクションを配置できます。

ワークスペース

ワークスペースを使ってフローの開発を行います。各アクションをワークスペースに配置することで、フローを作成し、業務プロセスの自動化を行います。

配置したアクションをダブルクリックすると、アクションを編集できます。右クリックするか、アクションの︙をクリックすることで、配置したアクションに対して以下の操作が可能です。

- アクションの編集／削除
- アクションの並べ替え
- アクションのコピー／切り取り／貼り付け
- アクションの有効化／無効化
- 元に戻す／やり直す
- ここから実行

アクションが配置されていないワークスペース上を右クリックすると、左のメニューを開くことができます。

サブフロータブ

　サブフロータブには、フロー内のサブフロー（一連のアクションの集まり）の一覧が表示されています。

　最初に表示されている「Main」も実はサブフローです。「Main」サブフローは、フロー実行時に最初に実行されるサブフローです。以降、「Main」サブフローのことを「メインフロー」と表現します。

　サブフローはアクションの組み合わせをグループ化してひとまとまりにできます。繰り返し利用するアクションの組み合わせをサブフローとして運用することで、フローの管理や編集がかんたんになり、メインフローの煩雑化を防ぎます。

　サブフローはメインフローやほかのサブフローから呼び出して実行します。

　ワークスペース上部のいちばん左のタブがサブフロータブです。サブフロータブの右側の下向き矢印マークをクリックすると、サブフローのリストを確認することができます。

　また、サブフロータブをクリックすると、サブフローの新規作成や検索ができます。

サブフローのリストで作成済みのサブフローを右クリックするか、︙をクリックすると、サブフローの名前の編集、使用状況の検索、コピー、貼り付け、削除を行うことができます。

変数ペイン

変数ペインは、クラウドフローとデスクトップフロー間の連携や、デスクトップフローどうしの連携でやり取りする入出力変数や、Power Automate for desktop内で使用される変数の検索や格納された値の確認、変数名の変更などが可能な領域です。フローデザイナーの右側のペインで {x} をクリックすると表示できます。

フロー内で利用する変数の管理はすべて変数ペインで行います。

変数ペインは、「入出力変数」と「フロー変数」に分かれています。「入出力変数」は、クラウドフローとのやり取りや、デスクトップフローどうしでやり取りする際に利用する値です。「フロー変数」は、デスクトップフロー内で生成した値です。

フロー変数上で右クリックするか、︙をクリックすると、左のメニューが表示されます。このメニューで、デバッグ実行時に変数に格納された値の表示や、変数名の変更、フロー内で対象の変数を使用しているアクションの検索ができます。

UI要素ペイン

UI要素ペインは、フロー内で使用するUI要素の管理ができる領域です。フローデザイナーの右側のペインで 🗇 をクリックすると表示できます。

UI要素とは、デスクトップアプリケーションや、Webアプリケーションの画面に見えているウィンドウやチェックボックス、テキストフィールド、ドロップダウンリストなどを構成する要素です。UI要素をクリックする処理を追加することで、デスクトップアプリの操作を自動化できます。

デスクトップアプリケーションやWebアプリケーションの操作を行うフローでは、取得したUI要素はすべてUI要素ペインに追加され、新しいUI要素の作成や、UI要素の編集・削除、利用状況の確認、検索ができます。

UI要素の上で右クリックするか、⋮をクリックすると、左のメニューが表示されます。このメニューで、UI要素の識別に使われるセレクターの編集や、UI要素名の変更、フロー内で対象のUI要素を使用しているアクションの検索などができます。

画像ペイン

画像ペインは、フロー内で使用する画像を管理できる領域です。フローデザイナーの右側のペインで 🖼 をクリックすると表示できます。

画像ペインには、フロー内で取得した画像のキャプチャが保存され、画像の追加や管理ができます。

なお、アプリケーションの操作を自動化する際、画像処理で自動化するよりもUI要素に対して操作するほうが安定的に処理できますが、操作対象のアプリケーションによっては、UI要素を取得できないものが存在します。その場合は、画像として操作対象のボタンやアイコンなどを記録して処理させます。画像処理は利用するパソコンの画面解像度などにも大きく影響を受けるため、実運用の際には注意が必要です。

キャプチャした画像を右クリックすると、左のメニューが表示されます。このメニューで、キャプチャ画像の名前の変更、フロー内で画像を使用しているアクションの検索、キャプチャ画像の削除ができます。

エラーペイン

エラーペインは、フロー開発時の各種エラー(問題、アクションのエラーやランタイムエラーなど)が表示される、下の赤枠の領域です。

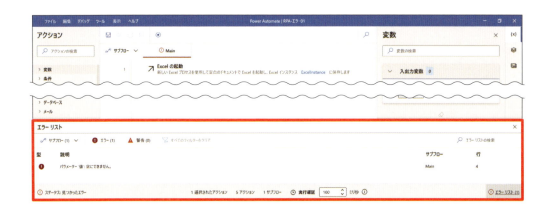

表示されたエラー行を選択し、「詳細の表示」をクリックすることで、下のようなエラーの詳細情報を確認できます。必須項目が空になっていたり、未定義の変数を設定することで、この例のようなエラーが発生します。

　なお、エラーには、「デザイン時エラー」と「ランタイムエラー」があります。
　デザイン時エラーとは、アクション構成に関連するエラーです。配置するアクションの必須項目に値が入っていなかったり、未定義の変数を設定したりすると、このエラーが発生します。デザイン時エラーが発生している場合は、フローを実行できません。次の例はアクションに必要項目が不足しています。

　ランタイムエラーは、フロー実行時に発生するエラーです。Power Automate for desktopが予期せぬエラーを検出した場合もランタイムエラーとして処理されます。次の例は、アクションが指定しているファイルが存在していません。

第 2 章　Power Automate for desktop の基本

メニューバー

メニューバーからは、フローの開発に必要な各操作にアクセスできます。

ファイル	フローの保存やフローデザイナーの終了
編集	コピー、切り取り、貼り付けなどの配置したアクションに対する操作
デバッグ	フローの実行や停止、ブレークポイントの設定
ツール	レコーダー機能の起動、拡張機能の追加、UI要素の調査、有償機能ではDLPポリシーや資産ライブラリなど拡張機能が選択可能
表示	フローデザイナーのレイアウトなど、表示に関する操作
ヘルプ	Microsoft公式ドキュメントやMicrosoft Power Automateブログ、学習コンテンツへのアクセス、現在のPower Automate for desktopアプリケーションのバージョン確認

ツールバー

ツールバーには、フローの開発やテストに必要な機能が用意されています。

　左側の各アイコンで、フローの保存、実行（一時停止）、停止、アクションごとに実行（次のアクションを実行）、レコーダーの操作が可能です。
　また、右側の🔍をクリックすると「フロー内を検索する」というメッセージが表示

され、フロー内で使用しているアクションや変数を検索することができます。

状態バー

状態バーには、フローのステータス、選択されたアクション、フロー内のアクション数、フロー内のサブフロー数が表示されます。

「実行遅延」では、フローデザイナー内でフローを実行した際の、各アクションの実行間隔を設定できます。「遅延」の値を変更して、ミリ秒単位で待機時間を調整します。遅延の値を大きくするとアクション間の待機時間が長くなり、値を小さくすると待機時間が短くなるので、フローの実行テストなどでは遅延の値が最適になるように調整してみてください。

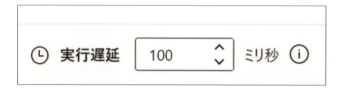

また状態バーには、フロー実行開始時点からの処理時間や、エラー発生時のエラー情報も表示されます。そのため、フローの実行テストを行う際に確認する部分でもあります。

COLUMN

フローデザイナーの変数ペイン／UI要素ペイン／画像ペインは、画面右側の各ペインのアイコンをクリックして切り替えます。ペインを非表示にしたい場合は今使っているペインのアイコンをクリックします。

第 **3** 章

基本機能と概要

3-1 | フローの作成

　2-4において、Power Automate for desktopのコンソールとフローデザイナーについて説明しました。実際に業務を自動化するフローを作成するには、このフローデザイナーにアクションと呼ばれる部品を適宜追加し、自動化したい業務の動作をフローで再現する必要があります。

　第3章では、Power Automate for desktopでアクションをフローに追加する方法や、アクションの種類、使い分けの方法といった、実際に業務プロセスをフローで再現するために必要となる基本的な知識と手順について解説します。ここではまず、フローの作成について解説します。

◆ 新しいフローを作成する

　早速、以下の手順に従ってかんたんなフローを作成してみましょう。フローとアクションの詳細はのちほど解説します。

❶ Power Automate for desktopを起動すると、コンソールが表示されます。コンソール上の「＋新しいフロー」ボタンをクリックすると、新規にフローを作成することができます。

第3章 基本機能と概要

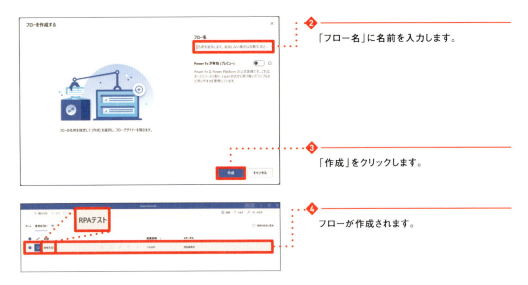

② 「フロー名」に名前を入力します。

③ 「作成」をクリックします。

④ フローが作成されます。

フローを作成すると、フローデザイナーが自動的に表示されます。フローデザイナーの詳細については2-4を参照してください。

COLUMN

フロー名は、用途がすぐに判別できるように、具体的な業務名（「月次売上データ転記作業」「請求書発行」など）を付けるようにしましょう。また、フロー名の先頭に業務分類別の管理番号（「101_購買システム物品登録」など）を付けておくのもよいでしょう。フローが増えた場合でも目的のフローを見つけやすくなります。愛着がわく名前を付けるのもおすすめです。たとえば、モリさんが考案したフローは「モリテック」と名付ける、といったものです。フローに親近感を持たせ、積極的に使ってもらえるなどの効果が期待できます。今回はテスト例のため、フロー名は「RPAテスト」としています。

055

◆ フローにアクションを追加する

　ここからは実際にフローを作成していきます。冒頭でも少し触れたとおり、フローはフローデザイナーにアクションと呼ばれる部品を適宜追加して作成していきます。フローの中身を制作する前に、そもそもアクションやフローが具体的にどういうものであるかを説明します。

・アクション
　フローを動かすための部品です。さまざまなアクションが準備されており、**目的に応じたアクションを組み合わせてフローを作成していきます。**

・フロー
　アクションを組み合わせて作成した、ロボットの動きの流れをフローと呼びます。**アクションは基本的に上から順番に処理されるため、アクションをどの順番で配置するかを考えることが重要**になります。

　例としてExcelのマクロを実行するフローを考えてみます。

① 「Excelの起動」アクション
② 「Excelマクロの実行」アクション
③ 「Excelを閉じる」アクション

　上記の3つのアクション追加した場合、まずExcelが起動し、その後Excelのマクロが実行され、最後にExcelが閉じられる、という具合に、①から順番に処理が行われます。この①～③の各部品がアクション、一連の流れがフローとなります。

フロー（処理の流れ）

◆ フローを動かしてみる

メッセージを表示するフローを作成し、フローの実行を試します。メッセージを表示するには、「メッセージを表示」アクションが必要です。以下の手順で「メッセージを表示」アクションを探して、ワークスペースに追加し、実行してみましょう。

❶ アクションペインの検索欄に「メッセージ」と入力すると、関連するアクションが表示されます。

❷ 「メッセージを表示」アクションを見つけたら、ワークスペースにドラッグするか、アクションをダブルクリックして、ワークスペースに追加します。

❸ アクションを追加すると、アクションの詳細設定を行うためのウィンドウが表示されます。「メッセージボックスのタイトル」に「Test」、「表示するメッセージ」に「Hello Power Automate for desktop!」と入力します。

❹ 入力が完了したら、「保存」をクリックします。なお、アクションを再度編集したい場合は、ワークスペース上のアクションをダブルクリックするか、右クリックメニュー「編集」から行います。

⑤ アクションを追加できたら、動作確認のため、フローデザイナーの ▷（実行）をクリックします。

⑥ 左のメッセージウィンドウが表示されたら、アクションの追加とフローの実行は成功です。「OK」をクリックします。

COLUMN

フローを作成する際、「フロー」アクショングループの「コメント」アクションで「コメント」を入力しておくと、後からフローを見直した際にわかりやすくなります。コメントとはフローの実行内容に影響しないメモ書きのようなものです。コメントには好きな内容を入力できます。フローで実行する業務内容や、フローやアクションで処理している内容についてコメントを残しておくと、とくに複数人でフローを扱うときにメンテナンスがしやすくなります。

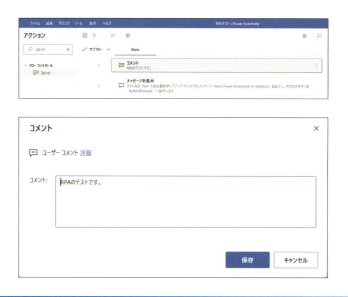

フローを保存せずにフローデザイナーを終了してしまうと、作成したフローが保存されずに消えてしまいます。終了する前に、以下の手順でしっかりと保存しておきましょう。

フローデザイナーの 🖫（保存）をクリックするか、「Ctrl」+「S」キーを押して保存します。

◆ **サブフローを作成する**

フローにはメインフロー（「Main」サブフロー）とサブフロー（P.46参照）の2種類が存在します。

メインフローはフローの基点となる特別なフローで、**フローは必ずメインフローから処理が行われます**。しかし、メインフローにのみアクションを追加すると、フローが肥大化、複雑化します。これが、フローの内容がわかりづらい、フローの編集やメンテナンスに時間がかかる、といった問題の要因となります。

サブフローを活用することで、その問題を解決することができます。**Web操作を行う処理、メールを作成する処理、といった各処理を、サブフローに分けて管理することで、メインフローの肥大化、複雑化を避けることができます**。

第3章ではこの先かんたんなフローを作成しながら進めていきます。フローを見やすくするため、以下の手順でサブフローを活用しましょう。

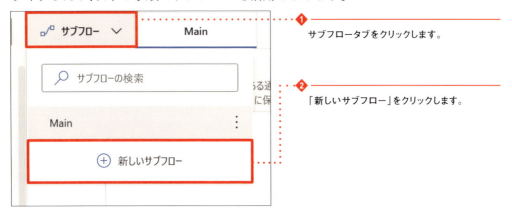

❶ サブフロータブをクリックします。

❷ 「新しいサブフロー」をクリックします。

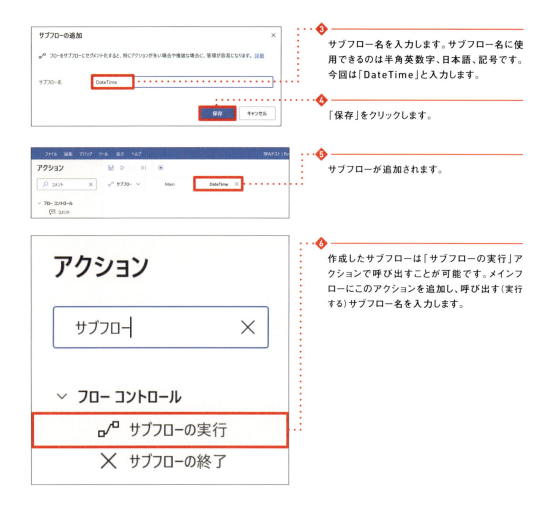

③ サブフロー名を入力します。サブフロー名に使用できるのは半角英数字、日本語、記号です。今回は「DateTime」と入力します。

④ 「保存」をクリックします。

⑤ サブフローが追加されます。

⑥ 作成したサブフローは「サブフローの実行」アクションで呼び出すことが可能です。メインフローにこのアクションを追加し、呼び出す（実行する）サブフロー名を入力します。

◆ 「ここから実行」と「ブレークポイント」

　P.51で解説したように、フローを実行するには、フローデザイナーの▷（実行）をクリックします。フローを実行すると、‖（一時停止）、もしくは□（停止）をクリックしないかぎり、メインフローの最初から最後まで実行されます。

　ごくかんたんなフローしか作成しない間は、これでも問題ありません。しかし、今後Power Automate for desktopでフローを作成していくにつれ、徐々に複雑なフローを作る機会が増えてきます。そうなると、フローの途中から動作確認をしたい、動作を途中で止めたい、という状況が出てきます。そのようなときに非常に便利なのが、「ここから実行」と「ブレークポイント」という機能です。

「ここから実行」はその名のとおり、**フローを好きな場所から実行できる**機能です。メインフロー、サブフローにかかわらず好きな場所から実行できるため、アクション追加後の動作確認や、サブフローの動作確認、エラーで動作しないときの確認などに便利です。

「ブレークポイント」は、**任意の箇所でフローをいったん停止できる**機能です。好きな箇所で止められるため、後述する変数（3-3参照）の値を確認したいときや、特定箇所の処理内容を確認したい場合に便利です。

どちらもフローを作成するうえで欠かせない機能なので、覚えておきましょう。

ここから実行

実行したいアクション上で右クリックすると、メニューから「ここから実行」を行うことができます。以下のように2行目のアクションで右クリックし、「ここから実行」を行った場合は、2行目以降のアクションが実行されます。

❶ 実行したいアクション上で右クリックします。　❷「ここから実行」をクリックします。

なお、「ここから実行」を行う際、注意すべきことがあります。フロー内でWebブラウザーやExcelに対するアクションを使用している場合、「Webブラウザーを起動する」アクション、「Excelを起動する」アクションから実行しないと、次のようにエラーになってしまうということです。

　WebブラウザーやExcelを操作するアクションでは、操作する対象をアクション内で選択する必要があり、WebブラウザーやExcelを起動していない状態では対象が見つからないため、このようなエラーが発生します。

どのWebブラウザーを操作するのか設定する必要があります。

　また、のちほど説明する「条件分岐」や「繰り返し処理」の途中から「ここから実行」を行うことはできません。**条件分岐や繰り返し処理は開始から終了までが一連の処理として扱われる**からです。この一連の処理を「ブロック」と呼びます。ブロックについては、条件分岐や繰り返し処理の項目で説明します。ブロックで「ここから実行」を行うときは、ブロックの開始点から行うようにしましょう。

第3章 基本機能と概要

ブロック（水色で囲まれている範囲）は一連の処理として扱われるため、その途中から「ここから実行」を行うことはできません。

ブレークポイント

アクションのオーダー番号の左側をクリックすると、オーダー番号の左側に赤い点が表示され、「ブレークポイント」を配置することができます。「ブレークポイント」でいったん停止した後は、▷（実行）もしくは▷|（次のアクションを実行）をクリックすることで、フローの実行を再開することができます。

アクションのオーダー番号の左側をクリックしてブレークポイントを配置します。

また、「ブレークポイント」と「次のアクションを実行」を組み合わせることで、フローの特定箇所を1つのアクションごとに処理することができます。フローが想定通りの動きをしてくれているのかを確実に確認することができるので、エラー発生時や、欲しい値がうまく取得できていないときの原因調査に、とても役立ちます。

063

3-2 | アクション

　ここまでは「メッセージを表示」アクションなどを例として用いてきましたが、ここからはアクションの詳細について解説していきます。おさらいになりますが、フローはアクションの組み合わせで成り立っており、アクションはフローの部品としての役割を持っています。そのため、Power Automate for desktopにはフローの目的に合わせたさまざまなアクションが存在します。

　アクションは「システム」、「ファイル」、「ブラウザー自動化」、「Excel」などの操作対象ごとに分類されています。これらの分類を「アクショングループ」と呼びます。フローを作成するうえで使用頻度が高いアクショングループとその詳細を、ここでいくつか紹介します。

◆ 「変数」アクショングループ

```
∨ 変数
  ∨ データ テーブル
      ▦ 新しいデータ テーブルを作成する
      ▦ 行をデータ テーブルに挿入する
      ▦ データ テーブルから行を削除する
      ▦ データ テーブル項目を更新する
      ▦ データ テーブル内で検索または置換する
      ▦ 列をデータ テーブルに挿入する
      ▦ データ テーブルから列を削除する
      ▦ データ テーブルから空の行を削除する
      ▦ データ テーブルから重複行を削除する
      ▦ データ テーブルを消去
      ▦ データ テーブルを並べ替える
      ▦ フィルター データ テーブル

      ↗ 変数を大きくする
      ↘ 変数を小さくする
      {x} 変数の設定
```

　変数に関する操作を行うことができるアクションのグループです。変数にはさまざまなデータ型があり、リストやデータテーブルを操作するアクションも存在します。

　なお、変数については3-3、リスト型やデータテーブル型など、変数のデータ型については3-4を参照してください。

第3章　基本機能と概要

◆「ワークステーション」アクショングループ

　パソコンをシャットダウンする、ごみ箱を空にするなどといった、Windowsの基本的な操作や、ドキュメントの印刷、サウンドの再生、スクリーンショットの保存などを行うアクションのグループです。

◆「ファイル」アクショングループ

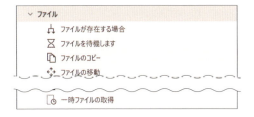

　ファイルに関する操作を行うことができるアクションのグループです。このグループのアクションでは、ファイルのコピーやファイルの移動、ファイルの削除といった処理を行うことが可能です。

COLUMN

2024年11月時点で、アクショングループは47種類、アクションの種類は約600種類も存在し、ここで紹介しているのはその一部です。本COLUMN末に示すサイトで、全アクションを確認できます。なお、アクションの所属するグループは変更されることがあります。アクションが見つからない場合は検索してください（P.57参照）。

マイクロソフト公式情報 アクション リファレンス
https://learn.microsoft.com/ja-jp/power-automate/desktop-flows/actions-reference

ASAHI Accounting Robot研究所 Power Automate サポートサイト
https://support.asahi-robo.jp/padactionlist

◆ 「フォルダー」アクショングループ

```
∨ フォルダー
    ⤵  フォルダーが存在する場合
    📁  フォルダー内のサブフォルダーを取得
    📂  フォルダー内のファイルを取得
    ＋  フォルダーの作成
    🗑  フォルダーの削除
  〜〜〜〜〜〜〜〜〜〜〜〜〜〜〜〜〜〜
    🖅  フォルダーの名前を変更
    ☆  特別なフォルダーを取得
```

フォルダーに関する操作を行うことができるアクションのグループです。このグループのアクションでは、フォルダーの作成やフォルダーの削除、フォルダー内のサブフォルダーやファイルの取得といった処理を行うことが可能です。

◆ 「UI オートメーション」アクショングループ

```
∨ UI オートメーション
  ∨ ウィンドウ
      🖼  ウィンドウの取得
      🗗  ウィンドウにフォーカスする
      🗖  ウィンドウの状態の設定
      👁  ウィンドウの表示方法を設定する
      ✛  ウィンドウの移動
  〜〜〜〜〜〜〜〜〜〜〜〜〜〜〜〜〜〜
  ∨ データ抽出
      🖥  ウィンドウの詳細を取得する
      📑  ウィンドウにある UI 要素の詳細を取得する
      ☑  ウィンドウにある選択済みチェック ボックスを取得する
      ◉  ウィンドウにある選択済みラジオ ボタンを取得する
      🗐  ウィンドウからデータを抽出する
      🖼  UI 要素のスクリーンショットを取得する
      🗐  テーブルからデータを抽出する
  ∨ フォーム入力
      📝  ウィンドウ内のテキスト フィールドをフォーカス
      🔤  ウィンドウ内のテキスト フィールドに入力する
      🔘  ウィンドウ内のボタンを押す
      ◉  ウィンドウのラジオ ボタンをオンにする
```

デスクトップアプリケーションの操作を行うことができるアクションのグループです。このグループのアクションでは、アプリケーションのテキストフィールドに入力する、ボタンを押す、アプリケーションを操作する、アプリケーション上の情報を取得するといった処理を行うことが可能です。

◆「ブラウザー自動化」アクショングループ

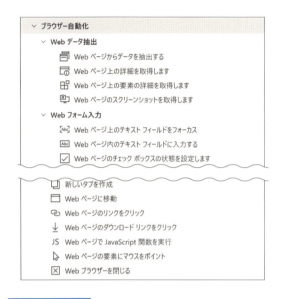

Webページの操作を行うことができるアクションのグループです。このグループのアクションでは、Webブラウザーの起動や、Webページの移動といったWebページの操作、Webページ上の情報の取得などといった処理が可能です。

COLUMN

Power Automate for desktopで操作できるブラウザーは、Microsoft Edge、Google Chrome、Firefoxの3種類です。また、詳しくは第4章で説明しますが、Microsoft Edge、Google Chrome、Firefoxのブラウザーを操作するには、「拡張機能」が別途必要です。通常はPower Automate for desktopをインストール時にインストールされますが、必要な場合はPower Automate for desktopのメニューバーの「ツール」よりインストールが可能です。

◆ 「Excel」アクショングループ

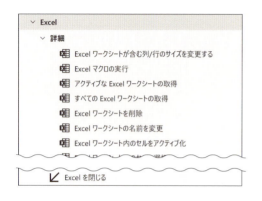

　Excelに関する操作を行うことができるアクションのグループです。このグループのアクションでは、Excelの起動をはじめ、Excelの保存、Excelワークシートからのデータの読み取り、Excelワークシートへのデータの書き込み、フィルターや並び替えといった処理が可能です。

◆ 「メール」アクショングループ

　メールに関する操作を行うアクションのグループです。メール内容の取得や、メールの送信などが可能です。利用にはメールのSMTP、IMAPという情報の設定が必要です。「https://learn.microsoft.com/ja-jp/power-automate/desktop-flows/actions-reference/email」を参考にしてください。

「メールメッセージの取得」アクションでは、取得するメールを限定できます。特定のメールフォルダーにメールが届いたとき、特定の送信相手からメールが届いたとき、件名や本文に特定のワードが含まれているときといった条件で、必要なメールのみ取得可能です。Outlookを操作する「Outlook」アクショングループもあります。

◆「マウスとキーボード」アクショングループ

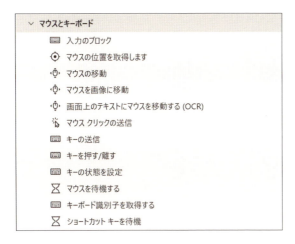

　マウスやキーボードの操作を行うことができるアクションのグループです。このグループのアクションでは、マウスの移動や、マウスのクリック、キーの送信（入力）などを行うことが可能です。とくにキーの送信は、ショートカットキーの入力も可能なため、よく使用されるアクションです。

◆「日時」アクショングループ

　日時に関する情報を取得できるアクションのグループです。このグループのアクションでは、現在の日時を取得することができるほか、日時の加減を行うことが可能です。

◆「フローコントロール」アクショングループ

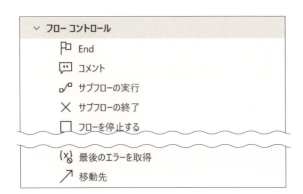

　フローの操作を行うことができるアクションのグループです。このグループのアクションでは、サブフローの開始や終了、メインフローの終了、コメントの配置、リージョンなどの処理を行うことが可能です。

COLUMN

2023年6月のアップデート以降、Power Automateの運用管理に関する機能や、Power Automate（クラウドフロー）で使用可能なコネクタなどが有償ライセンス限定のプレミアム機能として提供されています。プロの開発者がアクションを自ら開発することができるカスタムアクションの機能も、プレミアム機能の1つです。

Power Automate コネクタの展開アクショングループ

- Microsoft Dataverse
- SharePoint
- Excel Online（Business）
- Microsoft Forms
- Microsoft Teams
- Office 365 Outlook
- OneDrive
- OneDrive for Business
- OneNote（Business）
- RSS
- Word Online（Business）

Power Automate 管理関連のアクショングループ

- 作業キュー
- ログイン中

2024年10月のアップデートでは、有償ライセンスの追加機能として、Power Automate（クラウドフロー）のコネクタを自由にアクションとして展開できる機能がプレビュー公開されました（2024年11月のアップデートでプレビューは削除）。これにより、クラウドとデスクトップの境界を意識せず、一貫した自動化を実現できます。

3-3 変 数

　Power Automate for desktopでは、使用する値を「変数」で管理することができます。変数はアクションに値を設定する際や、アクションの処理結果を格納する際にも利用されるため、Power Automate for desktopを使用するうえでは必須となる概念です。

◆ 変数とは

　Power Automate for desktopのフローで使用される値は、変数として管理されます。変数は箱のようなもので、データや値を格納することができます。数学でたとえると、「x = 1」の「x」が変数で、「1」がデータや値です。

変数のイメージ

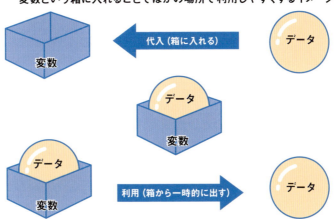

　Power Automate for desktopでは％で囲むことで変数を表します。たとえば、「Variable」という変数であれば、「%Variable%」と表現します。本書では以降、％で囲んだ値を変数として扱います。また、変数の名前には、全半角英数字、全半角カナ、ひらがな、漢字を使用することができます。また、アンダースコア(_)以外の記号は使用できません。たとえば、「%変数_1%」は使用可能ですが、「%変数@1%」は使用できません。

◆ **変数を使用する**

Power Automate for desktopを触ったことがあれば、実は変数をすでに使用しています。いったいどこで使用しているのでしょうか。アクションペインの「日時」アクショングループの、「現在の日時を取得」アクションを例に解説します。

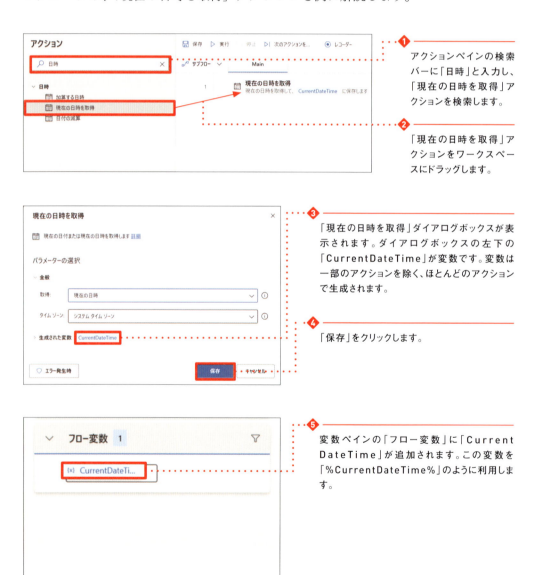

① アクションペインの検索バーに「日時」と入力し、「現在の日時を取得」アクションを検索します。

② 「現在の日時を取得」アクションをワークスペースにドラッグします。

③ 「現在の日時を取得」ダイアログボックスが表示されます。ダイアログボックスの左下の「CurrentDateTime」が変数です。変数は一部のアクションを除く、ほとんどのアクションで生成されます。

④ 「保存」をクリックします。

⑤ 変数ペインの「フロー変数」に「CurrentDateTime」が追加されます。この変数を「%CurrentDateTime%」のように利用します。

第3章　基本機能と概要

❻「現在の日時を取得」アクションを右クリックします。

❼「ここから実行」をクリックします。

❽「CurrentDateTime」に実行時の日時の情報が格納されます。

COLUMN

日時の情報は変数ペインの「フロー変数」で確認できました。しかし、URLのような長い値や、のちほど説明するリスト型のような変数内に複数行の値が存在する場合、「フロー変数」では省略されてしまいます。

その場合、変数ペインの変数名をダブルクリックすることで、変数に格納されている値を確認することができます。

073

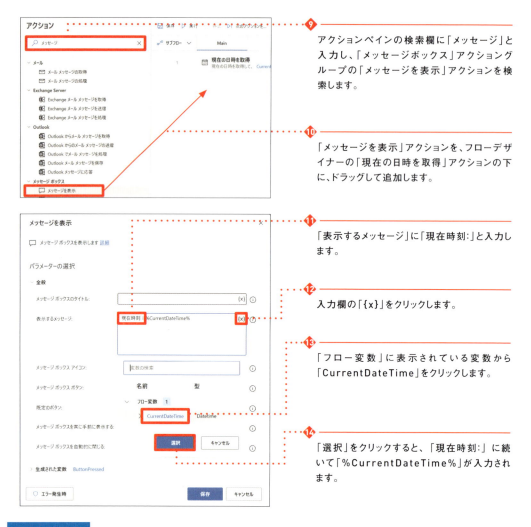

⑨ アクションペインの検索欄に「メッセージ」と入力し、「メッセージボックス」アクショングループの「メッセージを表示」アクションを検索します。

⑩ 「メッセージを表示」アクションを、フローデザイナーの「現在の日時を取得」アクションの下に、ドラッグして追加します。

⑪ 「表示するメッセージ」に「現在時刻:」と入力します。

⑫ 入力欄の「{x}」をクリックします。

⑬ 「フロー変数」に表示されている変数から「CurrentDateTime」をクリックします。

⑭ 「選択」をクリックすると、「現在時刻:」に続いて「%CurrentDateTime%」が入力されます。

COLUMN

P.71で解説したように、Power Automate for desktopでは、%で囲まれた値が変数として認識されます。では、「100%」のように値の中に%が含まれている場合はどうなるでしょうか。「%100%%」と入力すると、100%の%が変数の囲い文字として認識され、構文エラーとなってしまいます。もし変数に格納する値に%を使いたい場合、「%%」と%を2つ重ねることで、後の%が文字列であるとPower Automate for desktopに認識させることができます。「100%」の場合は「100%%」と入力することで、構文エラーを回避して使用できます。

⑮ 「保存」をクリックします。

⑯ アクションを追加後、再度「現在の日時を取得」アクションを右クリックします。

⑰ 「ここから実行」をクリックします。

⑱ メッセージウィンドウに先ほど取得した日時が表示されていることが確認できます。

　このように、生成した変数はほかのアクションで使用することが可能です。また、「変数」アクショングループの「変数の設定」アクションで、任意の値を持つ変数を生成することもできます。

変数は、フロー内で同じ値を何度も使う場合や、後から値が変わる可能性がある場合にとても便利です。

　変数を使わないフローでは、たとえばファイルの保存先や利用するWebサイトのURLの情報を各アクションに書き込まなければなりません。変更があった場合、すべて書き換えようとすると大変な手間になりますし、変更漏れがある場合はエラーの原因にもなります。しかし、変数を使っていれば、変数の中身を変えるだけでフロー全体の修正が完了します。

　左は、特定のフォルダー内にあるExcelファイルに対して書き込み処理を行い、同じフォルダーに保存するフローの例です。

　アクション内で、ファイルを取得し、保存先のフォルダーを指定しています。指定のフォルダーを変更したい場合、変数を使っていれば変数の値を変更するだけで修正が完了します。

　もしフォルダーの場所を直接入力していたら、アクション一つ一つでフォルダーの場所を入力し直す必要があります。そのため非常に手間がかかり、ミスやエラーの原因にもなります。

COLUMN

　変数には、その内容を明確に表す名前を付けることが重要です。例えば、注文書のExcelのインスタンスを格納する変数なら「%注文書%」や、「%ExcelInstance_注文書%」というように、内容を端的に表現する名前を選びましょう。わかりやすい変数名を使うことで、フローの可読性が向上し、後々の修正やほかの人との共有が容易になります。

第3章　基本機能と概要

3-4 | データ型とプロパティ

変数に格納する値には、数字や文字列、日付などさまざまな種類が存在します。数字と文字を足し算できないように、これらの値は混同できず、区別する必要があります。こうした種類のことを変数の「データ型」と呼びます。

◆ データ型の種類

データ型にはさまざまな種類があり、Power Automate for desktopでは変数に格納した値に応じて、自動的に適切な型が割り当てられます。**変数をアクションに使用する際や、変数どうしの演算を行う際には、型を確認し、場合に応じて正しい型に変換することも必要**になります。

Power Automate for desktopにあるデータ型のうち、とくに使うものを紹介します。現段階では、すべてのデータ型を理解する必要はありません。プログラミング的な概念であるため、RPAやローコードツールを使うのが初めての人にとっては、難しいところもあるでしょう。ここではかんたんに確認する程度で問題ありません。実際の使い方については、のちの各章や、下記のマイクロソフトの公式ドキュメントを参考にしてください。

マイクロソフト公式情報 変数のデータ型
https://learn.microsoft.com/ja-jp/power-automate/desktop-flows/variable-data-types

数値型

数値型は、数字（マイナスも含む）に適用されるデータ型です。Power Automate for desktopは変数内で足し算や引き算といった計算、算術演算を行うことができますが、**算術演算を行えるのは数値型のみ**です。具体的には「1」や「-10」などの数字が数値型になります。Excel操作で行数を数字で指定するときなどに用います。

077

算術演算を行った結果を変数に格納することができます。

算術演算結果である「2」が格納された状態です。

「変数の設定」アクションに「%1 + 1%」の「%」を抜いて書き込んでしまった場合、演算されず、テキスト値型で取得されます。後述するテキスト値型やDatetime型では算術演算を行えないため、数値型に変換する必要があります。

テキスト値型

テキスト値型は、「あいうえお」といった文字列に適用されるデータ型です。**日本語、英語、記号といった区別がなく、すべてがテキスト値型**となります。

Datetime型

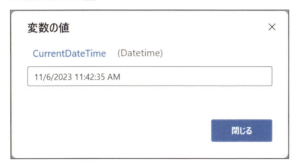

　Datetime型は、「11/6/2023 11:42:35 AM」といった日付や時間に適用されるデータ型です。ここでは日付表記が、月日年……と見慣れない形になっています。主にアメリカで用いられる表記法です。日本の日付に変更する方法は第5章で解説します。

ブール値型

　ブール値型は、条件に対し、Yes／Noといった2つの状態を表すデータ型です。2つの状態のうち、Yesの場合はTrue(トゥルー)、Noの場合はFalse(フォールス)を使って表されます。主に後述する「条件分岐」で使用します。

リスト型

　リスト型は、複数の値を1つの変数で管理できるデータ型です。
　リスト型は、Excelの1列がそのまま変数に格納されているようなイメージです。「%変数名[行番号]%」と入力することで、リストの指定した行から値を使用することができます。

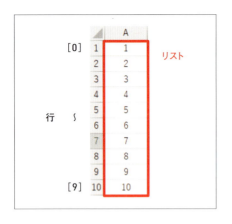

また、**行番号は1ではなく0から始まる**点に注意しましょう。左図を例にすると、「1」の値を使用するには「%変数名[0]%」と入力します。

なお、プログラミング用語の「1次元配列」に相当します。

データテーブル型

データテーブル型は、リスト型と同じく複数の値を1つの変数で管理できるデータ型です。リスト型は1列のみでしたが、**データテーブルは2列以上ある**点が異なります。

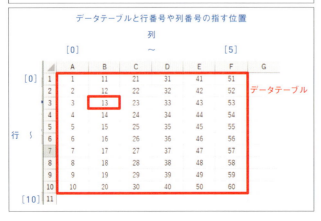

「%変数名[行番号][列番号]%」という具合に、使用したい値の行と列を指定することで、値を使用することができます。リスト型と同じく、行番号、列番号ともに0から始める点に注意しましょう。

左下の図を例にすると、「%変数名[2][1]%」と指定した場合、「13」の値が取得できます。

なお、データテーブル型はプログラミング用語の「2次元配列」に相当します。

インスタンス型

インスタンス型は、「Excelの起動」アクションや「新しいWebブラウザーを起動する」アクション、「ウィンドウの取得」アクションで生成される変数に適用されるデータ型です。

インスタンス型は操作対象を指定するのに使用されます。

例として、Excelのブックが2つ以上開いている場合を考えてみます。Excelに値を入力しようとしたとき、どちらのExcelに入力すればよいのか、Power Automate for desktopにはわかりません。

インスタンス型の変数には、対象を判別するための情報が格納されています。**インスタンス型の変数を使用することで、指定したExcelに値を入力することができます。**

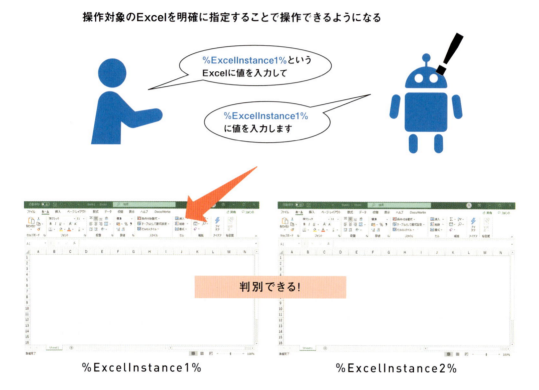

ファイル型

　ファイル型は、取得したファイルの情報が格納された変数に適用されるデータ型です。ファイルのフルパスやファイル名、拡張子や作られた日時などの情報が含まれます。

フォルダー型

フォルダー型は、取得したフォルダーの情報が格納された変数に適用されるデータ型です。フォルダーのフルパスやフォルダー名、作られた日時などの情報が含まれます。

◆ プロパティ

ファイル型、フォルダー型といった一部のデータ型には、「プロパティ」が存在します。プロパティとは、そのデータ型が持っている情報のことです。

たとえば、フォルダー型の場合は、「.FullName（フォルダーのフルパス）」、「.Name（名前）」、「.Parent（フォルダーの格納場所）」、「.CreationTime（作成日）」といったプロパティを持っています。

これらのプロパティはアクションでも使用できます。使用するときは、**変数名の後にプロパティ名を入力します**。プロパティ名には「.(ドット)」が付く点に注意しましょう。
　以下はフォルダーの名前（.Name）を使用した場合の例です。変数の扱いに慣れてきたら、ぜひプロパティも使ってみましょう。できることの幅が広がります。

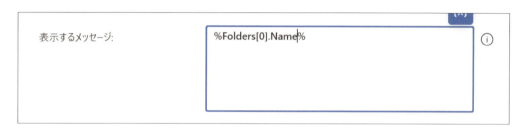

◆ ダイアログボックス

　これまでに、変数に値を格納する方法として、「フローの中で値を取得して格納する」方法と「決まった値（定数）を設定して変数に格納しておく」方法の2つを紹介しました。
　このほか、フローの外から情報を取り入れ変数に格納するアクションもあります。
　たとえば、社員に出社時間や退社時間を入力させ、勤怠管理を行うフローを作成する場合、社員名や時刻などの情報は外部から取得する必要があります。
　このように、フローの外から情報を取り入れたいときや、人の判断が必要となる場合は、「ダイアログボックス」を使用します。**ダイアログボックスを使えば、フロー実行中に直接、変数へ値を入力することができます**。

「入力ダイアログを表示」アクション

「入力ダイアログを表示」アクションは、自由に値を入力可能なダイアログボックスを表示させるアクションです。以下のようにダイアログボックスのタイトルやメッセージなどを指定して使用します。入力された値は既定値として%UserInput%に格納されます。通常の変数と同様に、フローの中で扱うことができます。

%UserInput%に値が格納されているか確認してみます。例として、「入力ダイアログを表示」アクションを上のものと同様に使用して、ダイアログボックスに入力した値を「メッセージを表示」アクションを使って表示させるフローで見てみます。フロー全体は次のようになります。アクションや変数の使い方は第4章以降の実際に操作する箇所も参照してください。

　フローを実行すると、以下のダイアログボックスが表示されます。ダイアログボックスに「あさひ太郎」と入力して「OK」をクリックします。

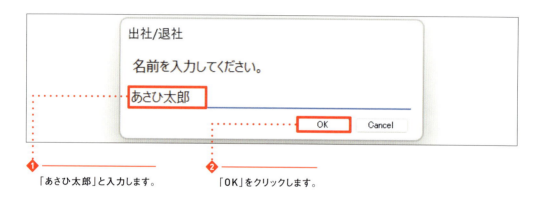

❶「あさひ太郎」と入力します。　　❷「OK」をクリックします。

　左のように、ダイアログボックスで入力した「あさひ太郎」が、メッセージウィンドウに表示されます。
　今回は例としてメッセージウィンドウを使用しましたが、業務ではダイアログボックスに入力された名前を、Excelで作成した名簿に転記するといったことにも活用できます。

第 3 章　基本機能と概要

3-5 | 条件分岐

　仕事をしていると、この作業が終わったら上司に報告する、といったように、条件（ここでは「仕事が終わったかどうか」）に応じて作業の進め方を変える場面が数多くあります。ほかにも、フォルダー内にファイルが2つ以上あればファイルを移動する、ファイルがPDFファイルだったら結合する、といった何気ない作業にも、こうした条件に応じた対応が含まれます。

　フローを作成する際、この「〜なら」という条件に応じて処理を分けることを「条件分岐」といいます。

　条件分岐のアクションは、条件に合致する場合に指定のアクションを行う、といった形で、ほかのアクションと組み合わせて使用します。

◆　条件分岐のアクション

　基本的な条件分岐のアクションとして、Power Automate for desktopには「If」アクションが存在します。

「If」アクション
　「If」アクションは、変数の値が設定した条件に合致した場合、特定のアクションを実行するアクションです。

例として、かんたんな条件分岐のフローを見てみます。以下は、変数に格納されたファイルの形式がPDFだった場合、ファイルを移動する条件分岐です。

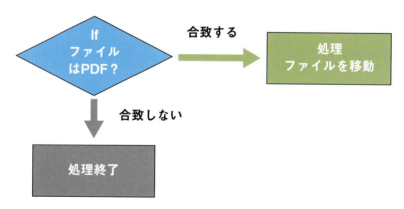

「Else」アクション

「Else」アクションは、Ifで条件に合致しなかった場合に、特定のアクションを実行するアクションです。そのため、入力するパラメーターはありません。

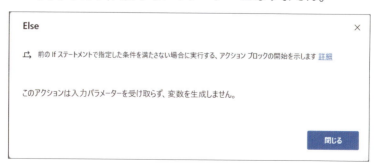

「Else」アクションを使った例を見てみましょう。以下は、先ほどのフローに「Else」アクションを追加したものです。変数の値がPDFファイルの場合はファイルを移動し、PDFファイルでない場合はファイルを削除する処理となります。

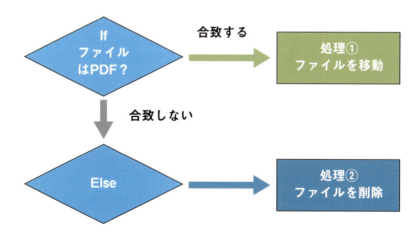

「Else if」アクション

「Else if」アクションは、Ifに条件を追加できるアクションです。Ifに合致しなかった場合、別条件で特定のアクションを実行できます。

「Else if」アクションを使った例を見てみましょう。以下は、先ほどのフローに「Else if」アクションを追加したものです。変数の値がPDFファイルの場合はファイルを移動し、PDFファイルでない場合は、JPEG（JPG）ファイルであればファイルをコピーし、それ以外のファイルは削除する処理となります。

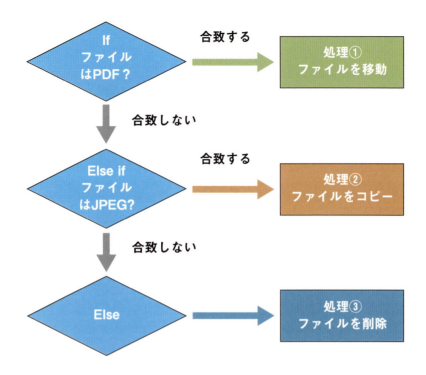

◆ 演算子

「If」アクション、「Else if」アクションの説明において、条件について触れました。その条件を設定するパラメーターが演算子です。設定できる演算子にはさまざまなものがあります。多くは最初のオペランドに変数、2番目のオペランドに比較したい対象を指定して用います。オペランドとは、演算の対象となる値や変数のことを指します。オペランドは、演算子と組み合わせて使用され、演算子がオペランドに対して操作を行います。

使用できる演算子の一部を紹介します。

演算子	説明
~と等しい（＝）	最初のオペランドが、2番目のオペランドと同じ
~と等しくない（＜＞）	最初のオペランドが、2番目のオペランドと違う
~より大きい（＞）	最初のオペランドが、2番目のオペランドよりも大きい
~より小さい（＜）	最初のオペランドが、2番目のオペランドよりも小さい
~以上である（＞＝）	最初のオペランドが、2番目のオペランド以上
~以下である（＜＝）	最初のオペランドが、2番目のオペランド以下
次を含む	最初のオペランド内に、2番目のオペランドと同じ値が含まれている
次を含まない	最初のオペランド内に、2番目のオペランドと同じ値が含まれていない
空である	最初のオペランドが空テキスト、空リスト、空データテーブル、空カスタムオブジェクト、空白のいずれかである
空ではない	最初のオペランドが空テキスト、空リスト、空データテーブル、空カスタムオブジェクト、空白のいずれでもない
先頭	最初のオペランドが、2番目のオペランドから始まっている
次の値で始まらない	最初のオペランドが、2番目のオペランドから始まっていない
末尾	最初のオペランドが、2番目のオペランドで終わっている
次の値で終わらない	最初のオペランドが、2番目のオペランドで終わっていない
空白である	最初のオペランドが空白である
空白でない	最初のオペランドが空白ではない

※オペランドには比較に用いる変数や数値、文字列を入れる

変数の値　　　　　　　　　　　　　　×

Blank （空白の値）

＜空白＞

閉じる

3-6　繰り返し処理

　業務の中には、宛名だけを変更した書類を大量に作成する、生産管理システムに必要な品目名のデータを入力する、といった繰り返し作業が存在します。
　単調な作業を何度も行うことで集中力が途切れ、ミスが発生しやすくなりますが、Power Automate for desktopであれば、高速でミスなく大量の繰り返し作業を行うことができます。
　ここからはPower Automate for desktopで繰り返し作業を行うために必要な、ループアクションについて解説します。

◆ 3つのループアクション

　複数の列と行にデータが入ったデータテーブル型のExcelデータを転記する場合、データ一つ一つに対して転記するアクションを配置しているとアクション数が膨大になってしまい、フロー制作やメンテナンスが煩雑になってしまいます。

また、一連の処理を何度も繰り返し実施したい場合、その処理を実施したい回数分のアクションをフローに追加する、ということでも対応は可能ですが、そちらも手間がかかるうえ、フローが非常に見づらくなるという問題があります。

　そのようなときはループアクションを使用することで、同じ処理を指定した回数分繰り返すことが可能になります。Power Automate for desktopには3つのループアクションが存在します。順番に確認していきます。

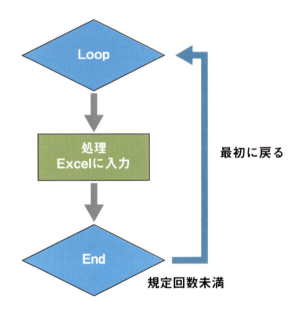

「Loop」アクション

　「Loop」アクションは、「Loop」アクションから「End」アクションまでの間にあるアクションを、指定した回数分繰り返すアクションです。たとえば、Excelから読み取った値を別のファイルに繰り返し転記していく作業などに使用されます。

　左のように、「増分」を指定する項目があります。**生成された変数は、増分の値ずつ増加し、終了に設定した値になるまで繰り返されます。**

Excelの値を一つ一つ転記していく最初のフローとは大きく異なり、「Loop」アクションを使用すればわずか3アクションで、繰り返し転記する作業を作成することができます。

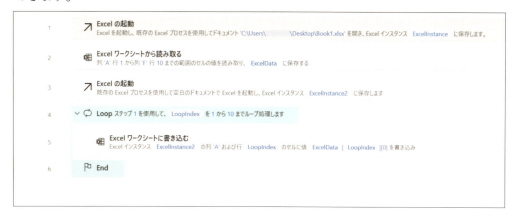

「ループ条件」アクション

　「ループ条件」アクションは、指定した条件が満たされているかぎり、繰り返し処理を続ける、というループと条件分岐が組み合わさったアクションです。繰り返し回数が決まっていないため、システムのエラー検知などに活用できます。

「For each」アクション

　「For each」アクションは、データテーブル型やリスト型といった、複数の値を持つ変数のみ使用可能なアクションです。データテーブルやリストの行数分、繰り返し処理を行い、1行ずつ値を出力できます。**「単一の値」のみの変数には使用できない**点に注意しましょう。

「For each」アクションは、お客様情報をアプリケーションに1件ずつ入力する、フォルダー内のファイルを1件ずつ順番に開いて値を入力する、といった業務に活用できます。

COLUMN

「If」アクションや「Loop」アクションには必ず「End」アクションが必要となります。この「If」アクションや「Loop」アクションから「End」アクションまでの範囲を、アクションの「ブロック」と呼びます。

ブロックとなっているアクションは、右の赤枠部分のようにフロー上でアクションどうしがつながっています。ブロックは一連の処理として扱われるため、ブロックの途中から「ここから実行」を行うことはできません。

第3章　基本機能と概要

3-7 ｜ レコーダー機能

アクションを組み合わせるのが難しいと感じる人のために、Power Automate for desktopには便利な「レコーダー機能」が用意されています。レコーダー機能とは、自分が行った操作を記録し、自動的に適切なアクションに置き換えてくれる、非常に便利な機能です。

◆ レコーダー機能の特徴

レコーダー機能は、フローデザイナーの◉（レコーダー）をクリックすることで使用できます。

Power Automate for desktopには、Webページ用のアクション（「ブラウザー自動化」グループ）とデスクトップアプリケーション用のアクション（「UIオートメーション」グループ）が用意されていますが、レコーダー機能では操作対象を自動で識別し、適したアクションに置き換えてくれます。ただし、専用のアクションが準備されているExcelの操作やフォルダー・ファイルなどの操作もデスクトップアプリケーションの操作として識別されるので注意が必要です。実際の使用方法については6-7で解説します。

097

COLUMN

レコーダー機能を用いて操作を記録する場合、記録中に右クリックすることでより詳細な操作を指定することができます。たとえば、UI要素のスクリーンショットを取得するときやWebページが表示されるまで待機するときなど、多様な操作を指定することが可能です。

第 **4** 章

Webブラウザーや
デスクトップ
アプリケーションの操作

4-1 Web操作の基本アクション

　ここからは実際にフローを作成していきながら学びます。この章ではWebサイトを操作するフローの作成方法を解説します。この章の内容をマスターすると、Webサービスへの自動入力、データ収集などが可能になります。まずWebブラウザー操作の準備事項と基本アクションを解説します。その後、Webサイトから複数データを一括で取得するフロー、取得したデータの中から任意のデータを取り出すフローを作成します。

◆ Web操作を始める前に

　毎月決まった日時に取引先のWebサイトから複数データを取得し、社内システムに転記する、といったWebサイトに関係する日常業務は数多くあります。定型的な繰り返し作業であるものの、取得するデータ数が多い、ミスできないなどの理由で、担当者に大きな負担をかけている場合があります。このようなWebサイトの操作もPower Automate for desktopならかんたんに自動化できます。

　練習用サイト「Power Automate Desktop練習サイト」（https://support.asahi-robo.jp/learn/）を使用します。

https://support.asahi-robo.jp/learn/

◆ Web操作を行うためのアクション

これまでに解説してきたように、フローを作成するにはアクションを用います。アクションは用途ごとにグループで分類されています。**Web操作に必要となるアクションは、アクションペインの「ブラウザー自動化」アクショングループに揃っています。**

今回は「ブラウザー自動化」アクショングループのアクションを主に使用するので、どのようなアクションがあるかを確認しておきましょう。

アクションはアクションの検索欄から検索することもできます。「Microsoft Edge」、「テキスト」といったキーワードを入力することで関連するアクションが表示されます。ぜひ活用してください。

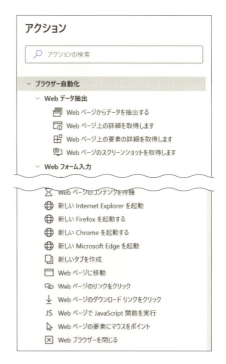

> **COLUMN**
>
> Web操作に関するアクションには、上記の「ブラウザー自動化」アクショングループと「HTTP」アクショングループの2種類があります。HTTPとは、インターネット上で情報をやり取りするためのプロトコルの一つです。「ブラウザー自動化」アクショングループには、Webブラウザー上で動作するWebページの操作に関するアクションがまとめられているのに対し、「HTTP」アクショングループには、WebページやWebブラウザーに依存しない「Webサービス」に関するアクションがまとめられています。本章では触れませんが、「HTTP」アクショングループの「Webからダウンロードします」アクションを使うことで、指定したURLからファイルやテキストを取得し、値を変数へ格納したりパソコン内にファイルを保存したりすることができます。また、「Webサービスを呼び出します」アクションを使うことで、Webサービスを呼び出して処理を行うことができます。

4-2　Webブラウザーの起動

まずはPower Automate for desktopでWebブラウザーを起動してみます。なおPower Automate for desktopでは、Microsoft Edge、Google Chrome、Mozilla Firefoxなど複数のWebブラウザーを選択できますが、本章ではMicrosoft Edgeを使用して解説します。

◆ Microsoft Edgeの拡張機能を確認する

第3章でも触れましたが、Power Automate for desktopでWebブラウザーを操作するためには、**Webブラウザーに拡張機能がインストールされており、有効化されている必要があります。**

拡張機能が有効化されているかは、Microsoft Edgeの設定画面で確認できます。

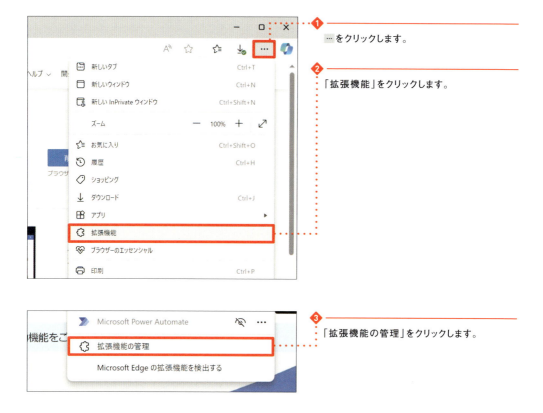

❶ …をクリックします。

❷ 「拡張機能」をクリックします。

❸ 「拡張機能の管理」をクリックします。

❹ 「Microsoft Power Automate」がインストールされ、オンになっていることを確認します。

◆ Microsoft Edgeに拡張機能をインストールする

拡張機能がインストールされていない場合は、Power Automate for desktopのフローデザイナー上にあるメニューバーからインストールページへ移動して行います。

❶ 「ツール」をクリックします。

❷ 「ブラウザー拡張機能」にマウスポインターを合わせます。

❸ 「Microsoft Edge」をクリックします。ほかのWebブラウザーで使いたい場合は、そのWebブラウザーをクリックします。

❹ 「インストール」をクリックします。

❺ 「拡張機能の追加」をクリックします。

インストールが完了すると拡張機能が有効化され、Webブラウザーの操作が可能となります。

◆ Microsoft Edgeの設定を行う

Microsoft Edgeはウィンドウを閉じても裏側では動作し続けていることがあります。その状態でMicrosoft EdgeをPower Automate for desktopで起動すると、うまく制御が行えずエラーとなる可能性があります。

Microsoft EdgeをPower Automate for desktopで正常に操作するためには、「Microsoft Edgeが終了してもバックグラウンドの拡張機能およびアプリの実行を続行する」を無効化し、Microsoft Edgeが裏側で動作しないように設定する必要があります。

① …をクリックします。

② 「設定」をクリックします。

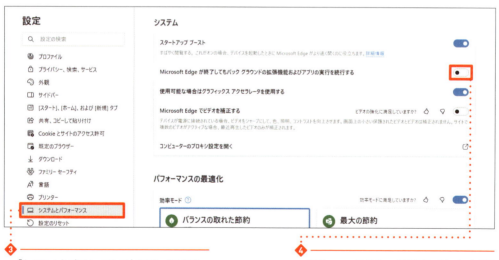

③ 「システムとパフォーマンス」をクリックします。

④ 「Microsoft Edgeが終了してもバックグラウンドの拡張機能およびアプリの実行を続行する」をオフにします。

これで準備は完了です。

第4章　Webブラウザーやデスクトップアプリケーションの操作

COLUMN

Power Automate for desktopでは、使用するWebブラウザーを、Microsoft Edge、Google Chrome、Mozilla Firefox、Internet Explorer、オートメーションブラウザーの5種類から選択できますが、現在Internet Explorer 11はサポートを終了しており、オートメーションブラウザーはInternet ExplorerをベースとしたPower Automate for desktop専用のWebブラウザーです。そのため、Webページを操作する際はMicrosoft Edge、Google Chrome、Mozilla Firefoxの利用を検討してください。

◆ Google Chromeで設定する場合

参考のため、Google Chromeを使用する場合の設定手順についても解説します。Microsoft Edgeを使用する場合は、この操作を行う必要はありません。

拡張機能のインストールは、Microsoft Edgeの場合と同様に、Power Automate for desktopのフローデザイナー上にあるメニューバーからインストールページへ移動して行います。

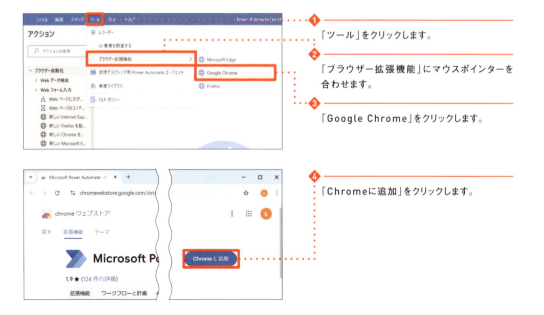

105

インストールが完了すると拡張機能が有効化され、Webブラウザーの操作が可能となります。拡張機能が有効化されているかは、Google Chromeの設定画面で確認できます。

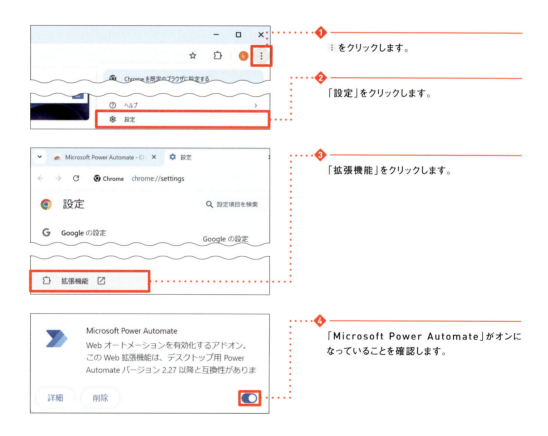

Google ChromeもMicrosoft Edge同様、Power Automate for desktopで正常に動作するためには、「Google Chromeを閉じた際にバックグラウンドアプリの処理を続行する」を無効化し、Google Chromeが裏側で動作しないよう設定する必要があります。

これで準備は完了です。

◆ **Firefoxで設定する場合**

参考のため、Firefoxを使用する場合の設定手順についても解説します。Microsoft Edgeを使用する場合は、この操作を行う必要はありません。

拡張機能のインストールは、Microsoft Edgeの場合と同様に、Power Automate for desktopのフローデザイナー上にあるメニューバーからインストールページへ移動して行います。

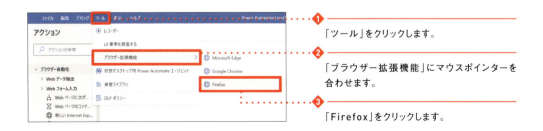

❹ 「Firefoxへ追加」をクリックします。

❺ 「追加」をクリックします。

❻ 「受け入れる」をクリックします。

インストールが完了すると拡張機能が有効化され、Webブラウザーの操作が可能となります。拡張機能が有効化されているかは、Firefoxの設定画面で確認できます。

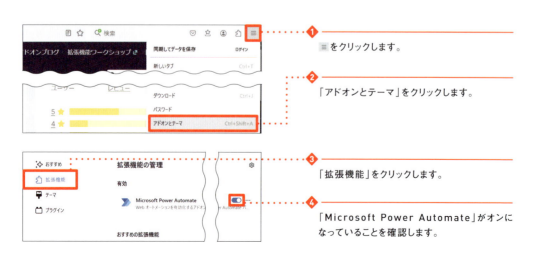

❶ ≡ をクリックします。

❷ 「アドオンとテーマ」をクリックします。

❸ 「拡張機能」をクリックします。

❹ 「Microsoft Power Automate」がオンになっていることを確認します。

危険性のあるWebサイトにアクセスした際、Webブラウザーをフリーズさせ、ユーザーがほかのタブやウィンドウに切り替えられないようにするFirefoxアラート機能は、フローの機能に影響を与える可能性があるため、無効とする必要があります。そのためにはFirefoxでconfig画面を表示し、「prompts.tab_modal.enabled」を「false」に変更します。

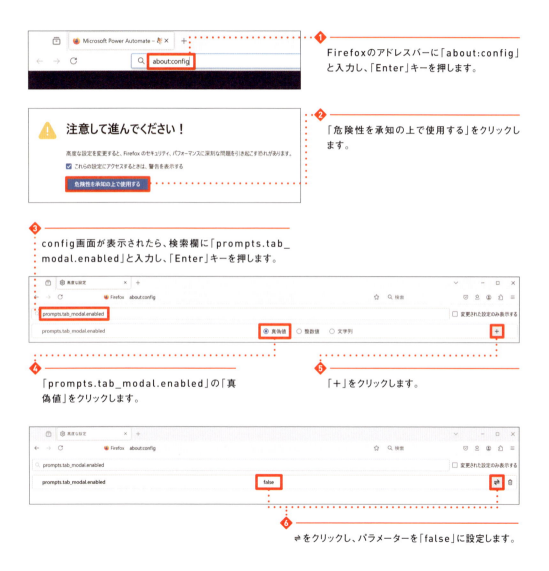

　config画面の設定変更後は、Webブラウザーの再起動が必要です。Firefoxをいったん終了してから、再起動します。これで準備は完了です。

◆ Webブラウザーを起動するフローを作成する

　拡張機能のインストールと設定が完了したら、Power Automate for desktopに戻り、実際にWebブラウザーを起動するフローを作成していきます。「新しいMicrosoft Edgeを起動」アクションを使用します。

　アクションのパラメーターを設定していきます。

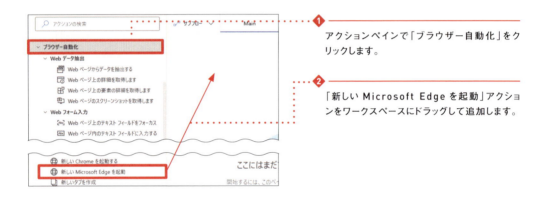

❶ アクションペインで「ブラウザー自動化」をクリックします。

❷ 「新しいMicrosoft Edgeを起動」アクションをワークスペースにドラッグして追加します。

　「起動モード」では、新たにWebブラウザーを起動し操作したい場合は「新しいインスタンスを起動する」を、すでに起動済みのWebブラウザーを操作したい場合は「実行中のインスタンスに接続する」を選択します。たとえば、Webページのリンクをクリックした際、新たにタブが開かれることがあります。この場合すでに起動しているWebブラウザーを使用するため「実行中のインスタンスに接続する」を選択します。今回は「新しいインスタンスを起動する」を選択します。

❸ 「起動モード」で「新しいインスタンスを起動する」を選択します。

「初期 URL」では、Webブラウザーの起動後、接続するWebページのURLを設定します。P.100で紹介した「Power Automate Desktop練習サイト」のURL（https://support.asahi-robo.jp/learn/）を入力します。事前に用意した変数にURLを格納している場合は、「初期 URL」に変数を設定することが可能です。変数を利用する場合は {x} をクリックして変数から選択します。

❹「初期 URL」に「https://support.asahi-robo.jp/learn/」と入力します。

「ウィンドウの状態」では、Webブラウザーが起動した際のウィンドウサイズを設定できます。今回は「最大化」を選択します。

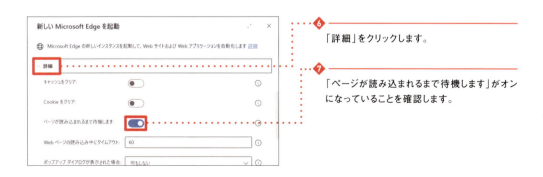

❺「ウィンドウの状態」で「最大化」を選択します。

「詳細」では、そのほかの設定が行えます。たとえば、「ページが読み込まれるまで待機します」を有効にすると、ページの読み込みに時間がかかっても、エラーにならず特定のページが表示されるまで待機することができます。

❻「詳細」をクリックします。

❼「ページが読み込まれるまで待機します」がオンになっていることを確認します。

111

「生成された変数」の「Browser」はアクションにより生成された変数で、起動したWebブラウザーが初期値として格納されます。変数「%Browser%」はデータ型がインスタンス型（P.81参照）の変数で、Webページの操作を行う際に対象となるWebページを指定するために使用されます。

設定が完了したら保存します。

❽ 「生成された変数」で変数を確認します。

❾ 「保存」をクリックします。

動作確認のため、フローデザイナー上で実行ボタンをクリックし、フローを動作させてみましょう。

❿ ▷（実行）をクリックしてフローを実行します。

動作後、Microsoft Edgeで「Power Automate Desktop練習サイト」が表示されることを確認します。フローデザイナー上から実行する方法はフローの動作テスト（デバッグ）を行う際によく使用します。

フローの動作テストは、フロー作成中の各アクションの動作を確認したり、作成したフロー全体が実運用を想定したとおりに動作するかを確認したりする、重要な操作です。**各変数に格納される値が、処理の流れによって想定どおり正しく設定できているかも確認できる**ため、覚えておきましょう。

◆ Webページが表示されない場合の対処

「新しい Microsoft Edge を起動」アクションを動作させた際、正しく設定をしていても以下のエラーが発生することがあります。

　Power Automate for desktop のバージョンや使用している端末、Web ブラウザーなど、エラーが発生する原因はいろいろと考えられます。エラーが発生した場合、次の2つの方法を試してください。

拡張機能を再インストールする

　フローデザイナー上の「ツール」から「ブラウザー拡張機能」にマウスポインターを合わせ、Microsoft Edge の拡張機能インストールページにアクセスして、「Microsoft Power Automate」の拡張機能を一度削除します。

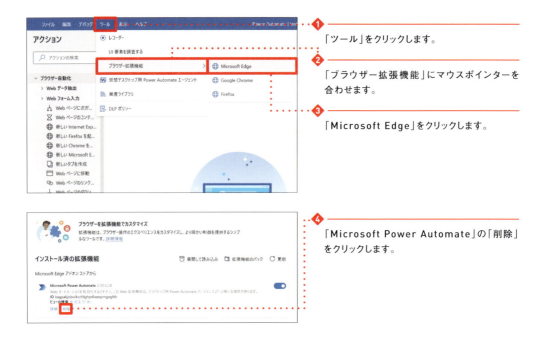

削除できたら、P.103の拡張機能のインストール手順に従い、再度拡張機能をインストールします。その後、Webブラウザーを再起動し、拡張機能を有効にしてください。

拡張機能の再インストール作業が完了したら、P.112手順⑩の操作でフローが正常に実行できるか確認します。

Webブラウザーのキャッシュと Cookie を削除する

Webブラウザーのキャッシュや Cookie といった閲覧データを削除します。

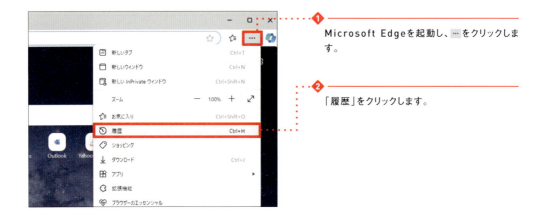

③ 🗑 をクリックします。

④ 「今すぐクリア」をクリックします。

　キャッシュやCookieのデータを削除後、Webブラウザーを再起動し、P.112手順⑩の操作でフローが正常に実行できるか確認します。

COLUMN

「Webページからデータを抽出する」アクションでは「要素をページャーとして設定」を利用することで複数ページにまたがるデータを1つのデータとして抽出することが可能です。

4-3 Webブラウザーのスクリーンショットの撮影

　Webブラウザーがうまく起動できたら、練習として、Webブラウザー起動後にWebページのスクリーンショットを撮るフローを作成してみましょう。

◆ Webページを撮影するアクションを追加する

　Webブラウザーを起動するアクションの下に、「Webページのスクリーンショットを取得します」アクションを追加します。

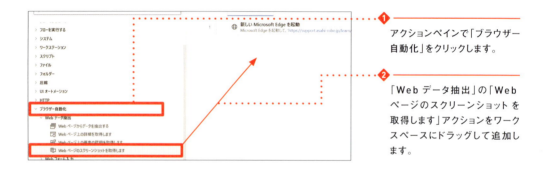

① アクションペインで「ブラウザー自動化」をクリックします。

② 「Webデータ抽出」の「Webページのスクリーンショットを取得します」アクションをワークスペースにドラッグして追加します。

　「Webブラウザーインスタンス」で、操作する対象のWebブラウザーを設定します。ここでは「%Browser%」となっていることを確認します。
　「キャプチャ」では、Webページのキャプチャ範囲を設定できます。範囲は「Webページ全体」と「特定の要素」から選択でき、「特定の要素」とした場合はP.120で解説するUI要素から選択できます。ここでは「Webページ全体」を選択します。

③ 「Webブラウザーインスタンス」が「%Browser%」となっていることを確認します。

④ 「キャプチャ」で「Webページ全体」を選択します。

「保存モード」は「クリップボード」か「ファイル」を選択できます。「クリップボード」は一時的にデータを保存可能な領域のことで、右クリックから「貼り付け」などを行うことで使用できます。ここでは「ファイル」を選択します。

❺「保存モード」で「ファイル」を選択します。

「画像ファイル」には、「保存モード」が「ファイル」の場合、取得した画像ファイルの保存先を入力します。今回は、「 C:\Users\ユーザー名\Desktop\Test.jpg 」(\はキーボードの「¥」キーで入力)と入力し、パソコンのデスクトップに画像ファイルを保存します。「ファイル形式」で、ファイルの形式を選択します。ここでは「JPG」を選択します。

❻「画像ファイル」に画像ファイルの保存先を入力します。

❼「ファイル形式」で「JPG」を選択します。

❽「保存」をクリックします。

アクション追加後のフローは以下のようになります。

◆ フローを実行する

アクションを追加したら、フローを実行してみましょう。実行後、デスクトップに「Test.jpg」のファイルが作成されたら成功です。

① ▷（実行）をクリックしてフローを実行します。

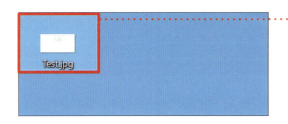

② 画像ファイルの保存先（ここではデスクトップ）に保存された画像ファイルをダブルクリックします。

③ Webページのスクリーンショットが表示されることを確認します。

◆ アクションを削除する

以降は「Webページのスクリーンショットを取得します」アクションは不要になるため、削除しましょう。

アクションの削除は、削除したいアクションを右クリックし、メニューから「削除」を選択することで行えます。また、アクションを左クリックで選択後、「Delete」キーを押すことで削除することも可能です。

① 「Webページのスクリーンショットを取得します」アクションを右クリックします。

② 「削除」をクリックします。

COLUMN

今後、作成したフローの編集や、動作テストを行う際、もとのアクションは残したまま別のアクションを試してみたい、ということが出てきます。Power Automate for desktopではアクションを無効化して実行時に処理をスキップすることができます。アクションを無効化するには、アクションを右クリックし、「アクションを無効化する」をクリックします。有効にするには、再度アクションを右クリックし、「アクションを有効化する」をクリックします。

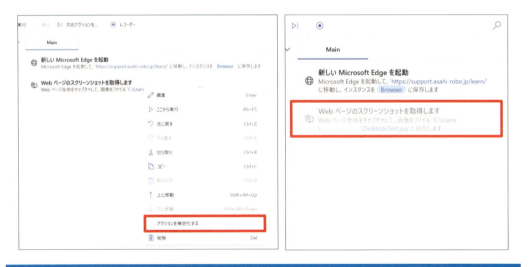

4-4 UI要素

　Webページやデスクトップアプリケーションを操作する場合、操作の対象となるボタンや入力枠などを指定する必要があります。これらのボタンや入力枠は「UI要素」と呼ばれ、ユーザーがシステムを操作するために存在します。Power Automate for desktopはWebページやアプリケーションのUI要素から「セレクター」という情報を取得し、取得した情報をもとにUI要素を識別し、操作を可能にしています。

◆ UI要素とは

　そもそも、UI要素とは何のことでしょうか。まず、UI要素の「UI」とは「User Interface(ユーザーインターフェース)」の略で、ユーザーとコンピューター間で情報をやり取りするためのしくみのことです。以下に示すのは、「Power Automate Desktop練習サイト」です。このWebサイト自体がUIとして機能します。

　これに対して、**UI要素はUIのしくみを実現するために画面上に配置された部品のこと**を指します。Webページを例とすると、「ページ内のテキスト」、「テキスト フィールド」、「チェック ボックス」、「ボタン」、「リンク」といった部品すべてがUI要素となります。

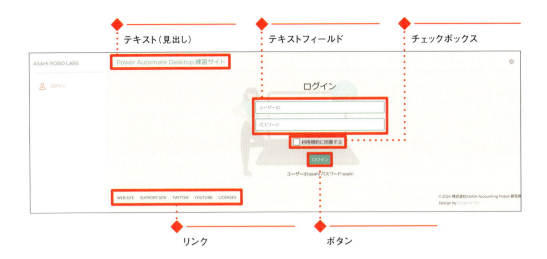

◆ UI要素の使い方

UI要素は主に「UIオートメーション」、「ブラウザー自動化」アクショングループで使用します。Power Automate for desktopがWebページやアプリケーション上の操作対象を識別できるように、UI要素の指定を行います。

該当するアクションの「UI要素」で指定を行います。「ブラウザー自動化」アクショングループの「Webページのリンクをクリック」アクションを例に用いています。

「UIオートメーション」、「ブラウザー自動化」アクショングループには「Webページのリンクをクリックします」アクションのほかに、「Webページ内のテキストフィールドに入力する」、「Webページのチェックボックスの状態を設定します」、「Webページのボタンを押します」アクションのように、さまざまな種類のUI要素に対して操作を行うアクションが用意されています。アクションを選択し、Webページやアプリケーション上のUI要素を取得後、操作対象への書き込み内容や操作条件などを設定します。UI要素の取得方法は、P.125〜126で解説します。

◆ **UI要素の構造**

操作対象を識別するためにUI要素が必要と解説しました。各UI要素には、Webページやアプリケーション上の位置を特定するために「セレクター」というものが設定されています。**セレクターはUI要素の住所のようなもの**です。

このUI要素（ボタン）のセレクターを例に解説します。

Power Automate for desktopではUI要素（ボタン）をこのように認識しています。

人がウィンドウ上のボタンを見た場合、ただボタンがそこにあるように見えます。しかし、Power Automate for desktopがボタンを識別する場合、「どこに」、「どのような」ボタンがあるかを見る（識別する）必要があります。たとえば下図の場合、中央にボタンが配置されていますが、実際はウィンドウの中にペインという枠があり、さらにペインという枠があり、その中にボタンがあります。

　人がボタンを押す場合は「中央のボタンをクリックする」という表現で通じますが、Power Automate for desktopに指示するには、「Window > Pane > Pane > Button」にあるボタンをクリックする、と丁寧に指定する必要があります。これがUI要素のセレクターの構造です。

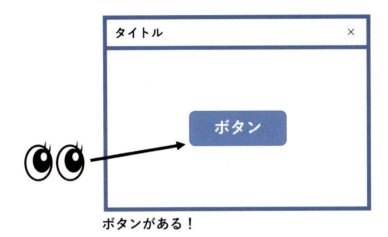

ボタンがある！

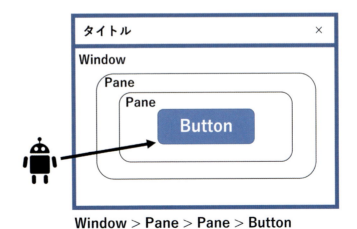

Window > Pane > Pane > Button
にボタンがある！

4-5 Webページの操作

　ここからは、実際にWebサイトを操作してみましょう。ここでは、先ほど立ち上げた「Power Automate Desktop練習サイト」にログインする操作を自動化していきます。

◆ ここで行うWebサイト操作の内容

「Power Automate Desktop練習サイト」を開くとログインページが表示されます。ログインに必要な操作を以下の手順で行い、練習サイトにログインするようにフローを作成しましょう。

①ログインページにユーザーIDとパスワードを入力する。
　※ID、パスワードはどちらも「asahi」です。
②「利用規約に同意する」のチェックボックスにチェックを付ける。
③「ログイン」ボタンをクリックする。

ログイン直前は以下の状態になります。

◆ UI要素の追加方法

　Webページを操作するには、操作対象のUI要素を取得し、アクションに設定する必要があります。そのためにまず、「UI要素ピッカー」ウィンドウを表示する方法から確認しておきましょう。これはUI要素の追加を行う際に表示されるウィンドウで、追加したUI要素がウィンドウ内に表示され、確認できます。

❶ フローデザイナー右側のペインで をクリックします。
❷ 「UI 要素の追加」をクリックします。

　「UI要素ピッカー」ウィンドウが表示され、Webページ内のUI要素にマウスポインターを合わせると赤枠が表示されます。

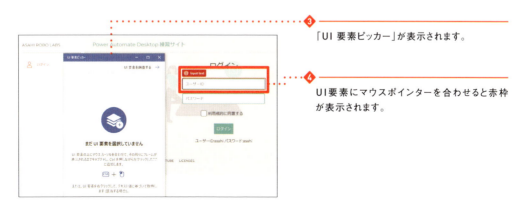

❸ 「UI 要素ピッカー」が表示されます。
❹ UI要素にマウスポインターを合わせると赤枠が表示されます。

赤枠が表示されているときに「Ctrl」キーを押しながらクリックすることで、赤枠が表示されていた箇所のUI要素を追加することができます。複数のUI要素を連続で追加することも可能です。Power Automate for desktopのUI要素ペインにUI要素が追加され、アクションの中で使用することが可能になります。

⑤ ここではユーザーIDのテキストフィールドに赤枠が表示された状態で「Ctrl」キーを押しながらクリックします。

⑥ UI要素が追加されます。

COLUMN

UI要素を選択する必要のあるアクションの場合、アクションのダイアログボックスからUI要素の追加をすることが可能です。UI要素の∨をクリックすると表示される「UI 要素の追加」をクリックすると、「UI要素ピッカー」ウィンドウが表示され、UI要素ペインから追加する場合と同じ手順で、UI要素を追加することができます。

126

◆ WebサイトにユーザーIDとパスワードを入力する

ログインページのテキストフィールドにユーザーIDとパスワードを入力するためのアクションを作成してみましょう。

まずは、「Web ページ内のテキストフィールドに入力する」アクションを追加して、ユーザーIDを入力するように設定します。

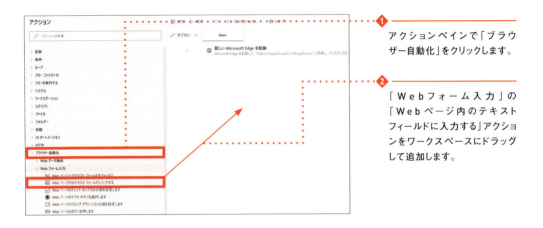

① アクションペインで「ブラウザー自動化」をクリックします。

② 「Webフォーム入力」の「Webページ内のテキストフィールドに入力する」アクションをワークスペースにドラッグして追加します。

「Web ブラウザー インスタンス」で、操作に使用するWebブラウザーインスタンスを選択します。ドロップダウンリストにすでに生成済みのインスタンスが表示されるので、操作したいWebブラウザーを選択しましょう。今回は、前述の「新しい Microsoft Edge を起動」アクションで生成した「%Browser%」を選択します。

③ 「Web ブラウザー インスタンス」で「%Browser%」を選択します。

「UI 要素」で、アクションに設定するUI要素を選択します。ユーザーID入力用のテキストフィールドのUI要素はP.126で追加されているので、ドロップダウンリストから選択できます。

127

❹「UI 要素」でユーザーIDのテキストフィールドのUI要素を選択します。

「テキスト」で、テキストフィールドに入力したい文字列を設定します。変数を設定することも可能です。今回は「asahi」と入力します。

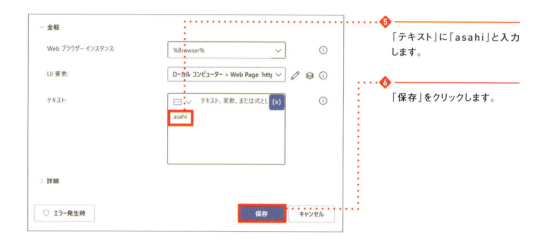

❺「テキスト」に「asahi」と入力します。

❻「保存」をクリックします。

同様に、パスワードのテキストフィールドのUI要素も追加し、「Web ページ内のテキストフィールドに入力する」アクションを追加して設定します。なお、「Web ページ内のテキストフィールドに入力する」アクションのパラメーターの「テキスト」は、ユーザーIDのテキストフィールドの場合と同じく、「asahi」とします。

❼ P.125の手順を行い、パスワードのテキストフィールドにマウスポインターを合わせ、赤枠が表示された状態で「Ctrl」キーを押しながらクリックします。

128

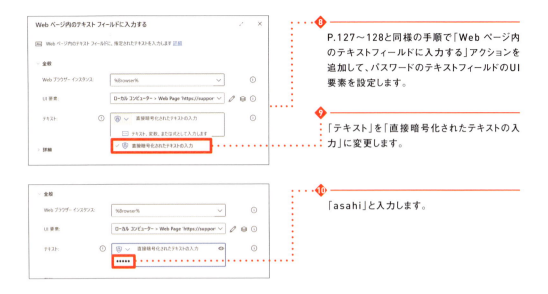

❽ P.127〜128と同様の手順で「Webページ内のテキストフィールドに入力する」アクションを追加して、パスワードのテキストフィールドのUI要素を設定します。

❾ 「テキスト」を「直接暗号化されたテキストの入力」に変更します。

❿ 「asahi」と入力します。

◆ チェックボックスにチェックを付ける

ログインページの「利用規約に同意する」のチェックボックスにチェックを付けるためのアクションを作成してみましょう。

チェックボックスの操作には、「Webページのチェックボックスの状態を設定します」アクションを使用します。

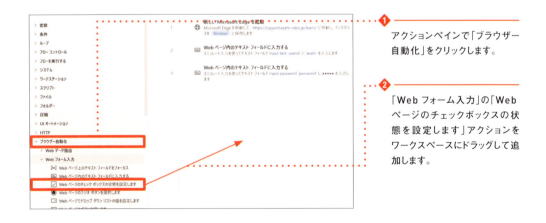

❶ アクションペインで「ブラウザー自動化」をクリックします。

❷ 「Webフォーム入力」の「Webページのチェックボックスの状態を設定します」アクションをワークスペースにドラッグして追加します。

「Webブラウザーインスタンス」で、操作に使用するWebブラウザーインスタンスを選択します。今回は「%Browser%」を選択します。

③「Web ブラウザー インスタンス」で「%Browser%」を選択します。

チェックボックスのUI要素を追加し、アクションに設定します。

④「UI 要素」の∨をクリックします。

⑤「UI 要素の追加」をクリックします。

⑥ チェックボックスにマウスポインターを合わせ、赤枠が表示された状態で「Ctrl」キーを押しながらクリックします。

「チェック ボックスの状態」で、チェックボックスのオン／オフを設定できます。今回はチェックボックスにチェックを付けたいため、「オン」を選択します。

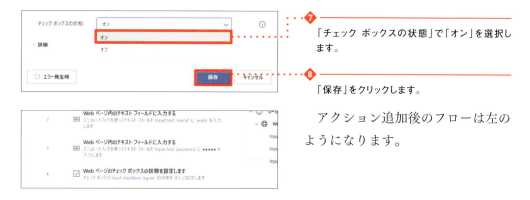

⑦「チェック ボックスの状態」で「オン」を選択します。

⑧「保存」をクリックします。

アクション追加後のフローは左のようになります。

◆ 「ログイン」ボタンをクリックする

ログインページの「ログイン」ボタンをクリックするためのアクションを作成してみましょう。

Webページのボタンを操作するには、「Web ページのボタンを押します」アクションを使用します。

① アクションペインで「ブラウザー自動化」をクリックします。

② 「Web フォーム入力」の「Web ページのボタンを押します」アクションをワークスペースにドラッグして追加します。

「Web ブラウザー インスタンス」で、操作に使用するWebブラウザーインスタンスを選択します。今回は「%Browser%」を選択します。

③ 「Web ブラウザー インスタンス」で「%Browser%」を選択します。

「UI 要素」で「ログイン」ボタンのUI要素を追加し、アクションに設定します。

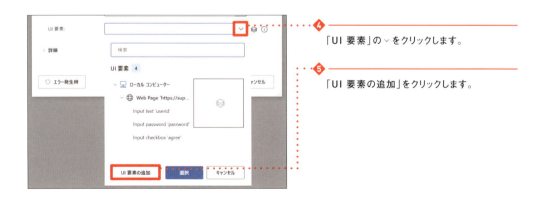

④ 「UI 要素」の∨をクリックします。

⑤ 「UI 要素の追加」をクリックします。

⑥「ログイン」にマウスポインターを合わせ、赤枠が表示された状態で「Ctrl」キーを押しながらクリックします。

⑦「Webページのボタンを押します」アクションの「保存」をクリックします。

アクション追加後のフローは左のようになります。

◆ 動作確認を行う

　これで、ブラウザー起動から「Power Automate Desktop練習サイト」へのログインまでのフローが完成しました。
　ここまで作成したフローの動作確認を行ってみましょう。

① ▷（実行）をクリックしてフローを実行します。

うまくログインができれば、以下のダッシュボード画面に移動します。エラーが発生した場合の対処法については下記のCOLUMNを参照してください。

COLUMN

「フォーム フィールドが見つかりません。」、「チェック ボックスが見つかりません。」、「ボタンが見つかりません。」といったエラーメッセージが表示された場合、テキストフィールドやチェックボックス、ログインボタンのUI要素をうまく取得できていない可能性があります。これらのエラーが発生した際は、UI要素を再取得し、各アクションに再取得したUI要素を設定して、動作確認を行ってみましょう。

① エラー内容が表示される
② エラーが発生しているサブフロー名が表示される
③ エラーが発生したアクションの行数が表示される
④ 「デザイン時エラー」か「ランタイムエラー」が表示される（P.50参照）

◆ Webページの読み込みが完了するまで待機させる

Webページ内でログイン処理などのページ移動する操作を行った直後、次の操作を行おうとするとエラーが発生することがあります。以下はボタンを押すアクションでエラーが発生した場合の例です。

Webページを移動する操作は、以下の3つの手順に分けることができます。

①WebページのボタンやリンクをクリックしてWebページを移動する。
②次のWebページや操作対象が読み込まれるまで待つ。
③表示されたら操作を開始する。

人が操作を行う場合、②の待つという動作を無意識に行っています。しかし、Power Automate for desktopなどの自動化ツールの場合、Webページの移動後、「操作対象が表示されるまで待つ」という指示を与えないと、Webページをページの読み込みが完了する前に操作しようとしてエラーになってしまうことがあります。

このようにWebページの移動が必要な場合、**待機のアクションを使うことでWebページが読み込まれるのを待つことができ、処理を安定させることができます。**

待機のアクションは「ブラウザー自動化」アクショングループに揃っています。今回はWebページの操作を行うため、「Web ページのコンテンツを待機」アクションを使用しましょう。

第 4 章　Ｗｅｂブラウザーやデスクトップアプリケーションの操作

① アクションペインで「ブラウザー自動化」をクリックします。

② 「Web ページのコンテンツを待機」アクションをワークスペースにドラッグして追加します。

「Web ブラウザー インスタンス」で、操作に使用するWebブラウザーインスタンスを選択します。今回は「%Browser%」を選択します。

③ 「Web ブラウザー インスタンス」で「%Browser%」を選択します。

「Web ページの状態を待機する」では、要素の有無、テキストの有無により、待機を行うことができます。今回は「次の要素を含む」を選択します。

④ 「Web ページの状態を待機する」で「次の要素を含む」を選択します。

「UI 要素」で設定したUI要素が表示されるまで処理を待機し続けます。操作する対象のUI要素を設定することで、操作対象が表示された後に処理を実行することができます。今回は、フロントページの「売上一覧」の<Heading 5>要素を取得し追加します。

135

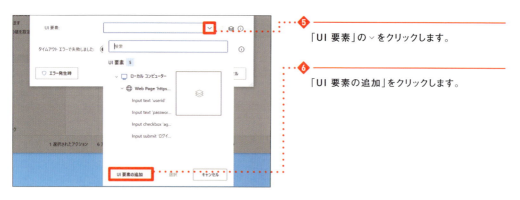

❺ 「UI 要素」の ∨ をクリックします。

❻ 「UI 要素の追加」をクリックします。

❼ 「売上一覧」の<Heading 5>要素にマウスポインターを合わせ、赤枠が表示された状態で「Ctrl」キーを押しながらクリックします。

❽ 「保存」をクリックします。

　アクション追加後のフローは左のようになります。

4-6 Webページのデータ抽出

ログインができたらWebページからデータを抽出する処理を作成してみましょう。Webページから特定の文言や表などのデータを抽出、取得する行為のことを、「スクレイピング」と呼びます。

◆ 作業前の準備

Webページから必要な情報を抽出する方法について、以下の手順で解説します。

①特定箇所の情報を取得する。
②リスト、またはテーブルの情報を一括で取得する。

まず作業の準備として4-5で作成したフローを実行し、「Power Automate Desktop練習サイト」のダッシュボードを開いておきます。

▷（実行）をクリックしてフローを実行します。

Webページのダッシュボードが表示されます。

このダッシュボード上の「売上一覧」の「得意先名称」から「株式会社ASAHI SIGNAL」の情報を抽出してみましょう。

◆ **特定箇所の情報を取得する**

　今回のように抽出したい情報の要素が決まっている場合、「Webページ上の要素の詳細を取得します」アクションで抽出することができます。

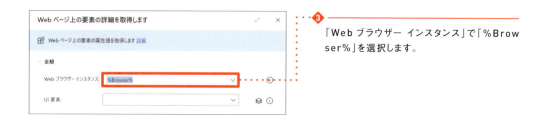

① アクションペインで「ブラウザー自動化」をクリックします。

② 「Webデータ抽出」の「Webページ上の要素の詳細を取得します」アクションをワークスペースにドラッグして追加します。

　「Webブラウザーインスタンス」で、操作に使用するWebブラウザーインスタンスを選択します。今回は「%Browser%」を選択します。

③ 「Webブラウザーインスタンス」で「%Browser%」を選択します。

「UI 要素」で、ダッシュボード上の「得意先名称」の「株式会社ASAHI SIGNAL」のUI要素を追加し、アクションに設定します。

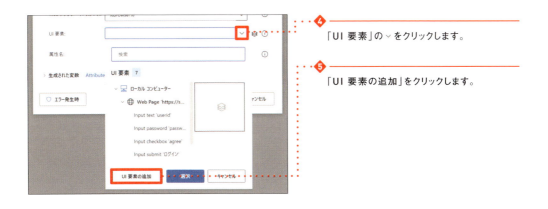

④ 「UI 要素」の∨をクリックします。

⑤ 「UI 要素の追加」をクリックします。

⑥ 「株式会社ASAHI SIGNAL」の要素にマウスポインターを合わせ、赤枠が表示された状態で「Ctrl」キーを押しながらクリックします。

「全般」の「属性名」で、値を抽出する対象の属性を選択します。今回は「株式会社ASAHI SIGNAL」というテキストを取得するため、「Own Text」を選択します。

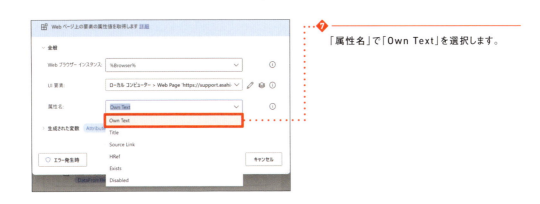

⑦ 「属性名」で「Own Text」を選択します。

「生成された変数」の変数「AttributeValue」に、取得した情報が保存されます。

⑧ 変数を確認します。

⑨ 「保存」をクリックします。

これで特定箇所から情報を取得する際の設定は完了です。アクション追加後のフローは左のようになります。

フローを作成したら、一度実行してみましょう。実行後、変数「%AttributeValue%」の内容を確認し、「株式会社ASAHI SIGNAL」という情報が取得できているか見てみましょう。

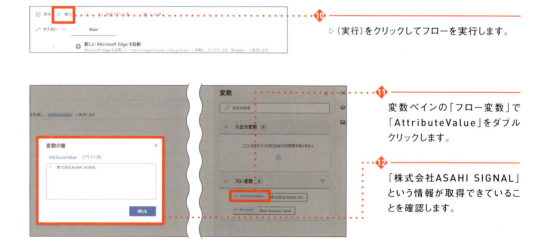

⑩ ▷（実行）をクリックしてフローを実行します。

⑪ 変数ペインの「フロー変数」で「AttributeValue」をダブルクリックします。

⑫ 「株式会社ASAHI SIGNAL」という情報が取得できていることを確認します。

COLUMN

P.139で、「全般」の「属性名」では、抽出する対象の属性を選択できると解説しました。抽出する対象の属性として、「Own Text」、「Title」、「Source Link」、「HRef」、「Exists」、「Disabled」の計6種類があります。属性は検証ツールを用いることで確認ができます。検証ツールは、Webページ上で「F12」キーを押すことで使用でき、Webページ全体のHTMLを確認することができます。さらに、検証ツールの をクリック後、値を抽出したい対象をクリックすると、クリックした対象のHTMLを確認できます。

① をクリックします。
② 対象をクリックします。
③ 対象のHTMLが表示されます。

HTMLの中には「href」などの属性があり、「Webページ上の要素の詳細を取得します」アクションで設定した属性に対応する値が取得できます。

属性名が「HRef」の場合はhrefの値が取得できます。

属性名が「Own Text」の場合はテキストの値が取得できます。

◆ リストまたはテーブルの情報を一括で取得する

Webページの特定箇所からデータを抽出する方法を解説しました。一方、顧客リストや売上一覧などの表データをすべて抽出したいというケースもあるでしょう。下図のようなテーブル形式のデータを一括抽出することも可能です。

売上一覧		
売上日	得意先名称	売上額
2021/04/01	株式会社ASAHI SIGNAL	100,000
2021/04/02	あさひ Avi株式会社	200,000
2021/04/03	Asahi capsule株式会社	300,000
2021/04/04	朝比 REAL株式会社	400,000
2021/04/05	株式会社旭 LOGIC	500,000
2021/04/06	朝陽 ENGINE株式会社	600,000
2021/04/07	旭日 META株式会社	700,000

「Web ページからデータを抽出する」アクションを使用すれば、テーブル、またはリスト形式のデータを一括で抽出することができます。一つ一つデータを抽出しようとすると何回も操作を行うことになり、時間がかかりますが、このアクションを使えば1アクションで抽出が完了します。

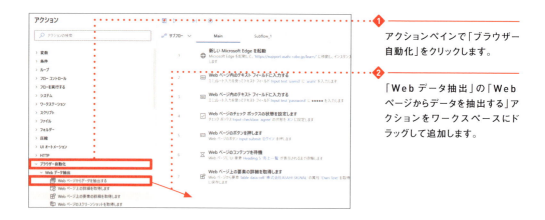

❶ アクションペインで「ブラウザー自動化」をクリックします。

❷ 「Web データ抽出」の「Web ページからデータを抽出する」アクションをワークスペースにドラッグして追加します。

「Web ブラウザー インスタンス」で、操作に使用するWebブラウザーインスタンスを選択します。今回は「%Browser%」を選択します。

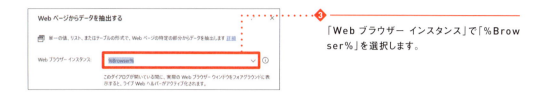

③「Web ブラウザー インスタンス」で「%Browser%」を選択します。

「データ保存モード」で、データの抽出先を「変数」とするか、「Excelスプレッドシート」とするかを選択できます。「Excelスプレッドシート」を選択した場合、Excelが起動し取得した値が入力されます。今回は「変数」を選択します。

また、「生成された変数」の変数「%DataFromWebPage%」には、取得された情報が保存されます。

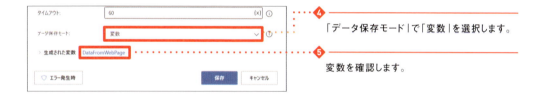

④「データ保存モード」で「変数」を選択します。
⑤変数を確認します。

アクションの設定が完了したら、「Web ページからデータを抽出する」アクションのダイアログボックスを開いた状態で、データを取得したいWebページを開き、Webブラウザーのウィンドウをクリックしてアクティブ状態にしましょう。

⑥「Web ページからデータを抽出する」アクションのダイアログボックスを開いたままにします。
⑦「Power Automate Desktop練習サイト」のダッシュボードを表示したWebブラウザーのウィンドウをクリックして、アクティブにします。

Webブラウザーをアクティブ状態とすると、「ライブWebヘルパー」ウィンドウが表示されます。「ライブ Web ヘルパー」ウィンドウには、「Web ページからデータを抽出する」アクションで抽出した値が表示されます。「ライブ Web ヘルパー」ウィンドウが表示されると、UI要素を追加するときと同様、赤枠が表示されます。

　今回は例として「Power Automate Desktop練習サイト」のダッシュボード1ページ目にある「売上一覧」の「売上日」、「得意先名称」、「売上額」のすべての値をテーブル形式で抽出してみましょう。

144

まず「売上日」の「2021/04/01」の値を抽出します。「売上日」の「2021/04/01」を選択し、赤枠が表示されている状態で右クリックすると、メニューが表示されます。メニューの「要素の値を抽出」にマウスポインターを合わせると、要素からどの属性の値を抽出するのかを選択できます。今回はテキストを取得したいので、「テキスト」を選択します。

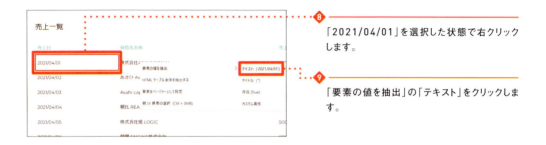

❽「2021/04/01」を選択した状態で右クリックします。

❾「要素の値を抽出」の「テキスト」をクリックします。

選択すると「ライブ Web ヘルパー」ウィンドウに抽出した値が表示されます。

❿ 抽出した値を確認します。

続いて、「売上日」の「2021/04/02」の値を同様に取得します。

⓫「2021/04/02」を選択した状態で右クリックします。

⓬「要素の値を抽出」の「テキスト」をクリックします。

すると次のように、Webページ上の「売上日」の値をリスト形式ですべて取得することができます。

145

さらに、「得意先名称」の「株式会社ASAHI SIGNAL」の値を取得してみましょう。

すると、「得意先名称」のすべての値がテーブル形式で一気に取得されます。

同様の手順で「売上額」の値も追加してみましょう。

⑮ 同様に「売上額」の値を追加します。

このように、「Web ページからデータを抽出する」アクションを使用することで、特定の値、リスト、テーブルいずれの形式でも目的のデータを取得できます。

また、「Web ページからデータを抽出する」アクションでデータを抽出した際、ヘッダー名の初期値は「Value #連番」となります。ヘッダーは「ライブ Web ヘルパー」ウィンドウ上でクリックすると、任意の名称に変更することが可能です。取得した値が、のちほど何の値であるかわかりやすくするため、ヘッダーの名前は変えておくことをおすすめします。今回はヘッダーの名称を「売上日」、「得意先名称」、「売上額」に変更します。変更後、「ライブ Web ヘルパー」ウィンドウの「終了」をクリックし、「保存」をクリックすることで、「Web ページからデータを抽出する」アクションの設定は完了です。

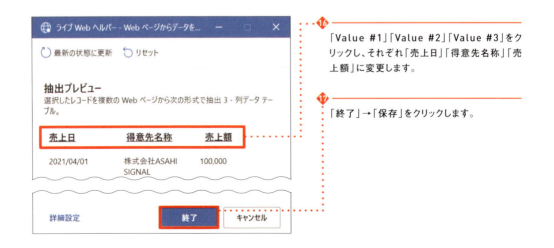

⑯ 「Value #1」「Value #2」「Value #3」をクリックし、それぞれ「売上日」「得意先名称」「売上額」に変更します。

⑰ 「終了」→「保存」をクリックします。

フローを作成したら実行して確認してみましょう。実行後、「%DataFromWebPage%」の内容を確認し、「売上一覧」の値がテーブル形式で抽出できているか確認してみましょう。

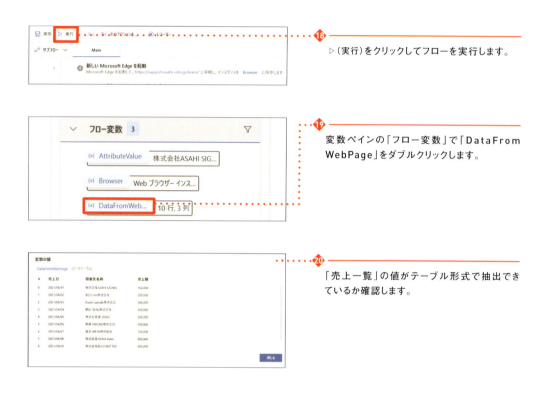

⑱ ▷（実行）をクリックしてフローを実行します。

⑲ 変数ペインの「フロー変数」で「DataFromWebPage」をダブルクリックします。

⑳ 「売上一覧」の値がテーブル形式で抽出できているか確認します。

COLUMN

　Webページの操作やスクレイピングを行うフローは非常に便利ですが、ロボットによるページの操作やスクレイピングを禁止しているサービスがある点には注意しましょう。たとえば、Amazonの利用規約では、ロボットによるデータ収集、抽出ツールの使用は禁止とされています。また、NewsPicksでは、ロボットによるWebページの操作自体が禁止とされています。このようにWebページの操作やスクレイピングを行う際は、利用するサービスの利用規約を読み、ロボットによる操作やスクレイピングが禁止されていないことをしっかり確認してから行いましょう。また、利用規約にスパイダーやクローラー、スクレーパーといった文言が出てきた場合、これらも同じくWebページ上から繰り返しデータを抽出する操作となるため、注意しましょう。

4-7 Webページの移動をともなうデータ抽出

　ここまでは、抽出したい目的のデータがWebページ上にすでに表示されていることが前提でした。しかし実際には、目的のデータが表示されているWebページまで、Webサイト内のメニューボタンなどを操作して移動する必要がある場合があります。

　ここでは、Webページの移動をともなうデータを抽出するフローの作成を行ってみましょう。以下の流れでWebページの移動をともなうデータ抽出のフローを作成します。

①「得意先一覧」ページに移動する。
②「得意先一覧」ページのデータを抽出する。

◆「得意先一覧」ページに移動する

　まず抽出したいデータが存在する「得意先一覧」ページに移動します。ダッシュボード左側のメニューの「得意先一覧」をクリックすると表示されるページです。

Webページ内の移動には「Web ページのリンクをクリック」アクションを使用します。

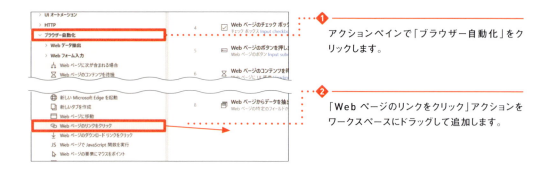

① アクションペインで「ブラウザー自動化」をクリックします。

② 「Web ページのリンクをクリック」アクションをワークスペースにドラッグして追加します。

　「Web ブラウザー インスタンス」で、操作に使用するWebブラウザーインスタンスを選択します。今回は「%Browser%」を選択します。

③ 「Web ブラウザー インスタンス」で「%Browser%」を選択します。

　「UI 要素」で、クリック先のUI要素を指定します。ダッシュボード左側のメニューの「得意先一覧」のUI要素を追加します。

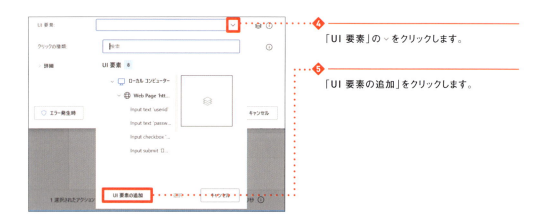

④ 「UI 要素」の∨をクリックします。

⑤ 「UI 要素の追加」をクリックします。

第4章　Webブラウザーやデスクトップアプリケーションの操作

❻「得意先一覧」のUI要素にマウスポインターを合わせ、赤枠の上部にAnchorが表示された状態で「Ctrl」キーを押しながらクリックします。

❼「保存」をクリックします。

アクション追加後のフローは左のようになります。このアクションの後は操作対象のWebページが表示されます。

◆ 得意先一覧のデータを抽出する

　P.142〜147と同じ手順で、「Web ページからデータを抽出する」アクションを使用し、「得意先一覧」ページのデータを抽出してみましょう。
　ヘッダーの名称も、「得意先一覧」ページのヘッダー名に合わせて変更します。

151

① 「Webページからデータを抽出する」アクションを使用し、P.142〜147と同様の手順で、「得意先一覧」ページのデータを抽出します。

② 各ヘッダー名をクリックし、それぞれ「コード」「会社名」「担当者名」「メールアドレス」「ホームページ」に変更します。

③ 「終了」をクリックします。

④ 「生成された変数」をクリックします。

⑤ 「生成された変数」を「%Tokuisaki_Data%」に変更します。

⑥ 「保存」をクリックします。

「Webページからデータを抽出する」アクション追加後のフローは左のようになります。

第4章　Webブラウザーやデスクトップアプリケーションの操作

フローを作成したら実行し確認してみましょう。実行後、%Tokuisaki_Data%の内容を確認し、「得意先一覧」ページの値がテーブル形式で抽出できているか確認できます。

❼ ▷（実行）をクリックしてフローを実行します。

❽ 変数ペインの「フロー変数」で「得意先一覧」をダブルクリックします。

❾ 「得意先一覧」ページの値がデータテーブル型で抽出されていることを確認できます。

COLUMN

アクションから生成される変数の名前は自由に変更することが可能です。フローの中で同じアクションを何度も使用する、特定の値が格納された変数の使用頻度が高い、といった場合、初期設定値の変数名では使用する際にどのデータが格納されているのかがわかりづらく、違う変数を選んでしまったり、変数を上書きしてしまったりして、エラーの原因になります。とくに使用頻度が高い変数は、変数の名前を適宜変更しておくことをおすすめします。そのため、ここでは変数名を「%Tokuisaki_Data%」に変更しています。

4-8 条件分岐によるデータの絞り込み

　ここでは、取得した一覧データの中から特定の情報を抽出する方法を解説します。一覧データ中の特定の会社の情報だけを別のシステムに転記したいといった場合、この方法を活用することができます。

　繰り返し処理の中に条件分岐を設け、1行ずつ順に条件に一致するデータが存在するかチェックします。一致するデータが存在した場合は、その行から必要なデータを抽出します。ここでは、先ほど取得した「得意先一覧」ページのデータから「株式会社あさひ MATTER」のメールアドレスデータを抽出するフローを、以下の手順で作成してみましょう。

①「得意先一覧」のデータを1行ずつ繰り返し取得する。
②会社名が「株式会社あさひ MATTER」の場合のみデータを取得する条件分岐を作成する。
③メールアドレスのデータを変数に格納してループを終了する。

◆ データを1行ずつ繰り返し取得する

　先ほど取得した「得意先一覧」のデータから、特定のデータ（今回の場合は「株式会社あさひ MATTER」）を取得します。

#	コード	会社名	担当者名	メールアドレス	ホームページ
0	0001	株式会社ASAHI SIGNAL	重松	gjPkFN@example.jp	http://test.org
1	0002	あさひ建設株式会社	河島	O1UKoP15K@example.net	http://sample.com
2	0003	Asahi Capsule株式会社	松下	PVyfy5iV@example.co.jp	http://example.co.jp
3	0004	朝比リアル株式会社	向	Hklr3i@test.jp	http://sample.jp
4	0005	株式会社旭ロジック	寺沢	TSQfVvG@example.net	http://sample.co.jp
5	0006	朝陽 ENGINE株式会社	浅岡	BxYrVPI4S@example.org	http://example.org
6	0007	旭日 META株式会社	荻原	vJjlU@example.co.jp	http://sample.co.jp
7	0008	株式会社ASAHI Auto	椎名	d4TRrW8C@example.net	http://test.co.jp
8	0009	株式会社あさひ MATTER	富田	eoSGDiuN@example.net	http://sample.org

「得意先一覧」のデータテーブルから「株式会社あさひMATTER」のデータを取得するには、「%Tokuisaki_Data[8][1]%」という具合に、データの存在する場所を直接指定する方法もあります。しかし、実際には、目的のデータが抽出したデータテーブルのどこにあるかが決まっていない場合が多く、目的のデータがどこにあるか探す必要があります。**目的のデータを探す場合、データを1行ずつ取得し、取得したデータが目的のデータかを確認した後、異なる場合は次のデータを確認する、といった方法が有効**です。

データを1行ずつ取得するには「For each」アクションを使用します。「For each」アクションはリストやテーブル形式のデータを1行ずつ繰り返し取得することのできるアクションです。詳細については3-6を参照してください。

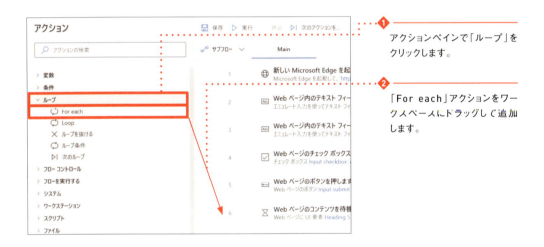

① アクションペインで「ループ」をクリックします。

② 「For each」アクションをワークスペースにドラッグして追加します。

今回は、先ほど抽出した「得意先一覧」のデータから1行ずつデータを取得したいので、「反復処理を行う値」に「得意先一覧」のデータが格納されている変数「Tokuisaki_Data」を選択します。

③ {x}をクリックします。

④ 「Tokuisaki_Data」を選択します。

⑤ 「保存」をクリックします。

取得したデータは「生成された変数」の変数「CurrentItem」に格納されます。

6 変数を確認します。

7 「保存」をクリックします。

「For each」アクションを追加後のフローは以下のようになります。「For each」アクションにブレークポイントを設置し、1行ずつデータが取得できているか確認してみましょう。ブレークポイントはワークスペースに配置したアクションの左側をクリックすることで設置できます。ブレークポイントを設置したらフローを実行します。

8 「End」アクションの左側をクリックします。

9 ブレークポイントが設定されます。

10 ▷（実行）をクリックしてフローを実行します。

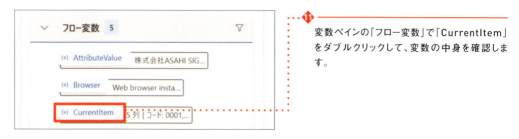

⓫ 変数ペインの「フロー変数」で「CurrentItem」をダブルクリックして、変数の中身を確認します。

「For each」アクションで取得した変数の中身は以下のようになります。生成した変数に1行分のみデータが格納されています。

変数内の値は、「%変数名['ヘッダー名']%」と入力することで使用できます。たとえば、会社名の値を使用したい場合は「%CurrentItem['会社名']%」と入力します。

COLUMN

変数内の値は、「%変数名['ヘッダー名']%」で使用する以外にも、P.79で解説したように「%変数名[列番号]%」と列番号を入力することで値を使用することが可能です。列番号は1ではなく0から始まる点に注意しましょう。ただし、データテーブルに新しく列が挿入されたり、削除されたりした場合は、列番号がずれてしまうことがあります。ヘッダー名がある場合はヘッダー名を使用することで、列の挿入、削除に影響されず値を使用することが可能です。

ヘッダー名は影響を受けないため、同じ値を使用できます。

◆ **条件分岐でデータを絞り込む**

1行ずつ取得したデータに対し条件分岐を行うことで必要なデータのみを抽出できます。条件分岐には「If」アクションを使用します。

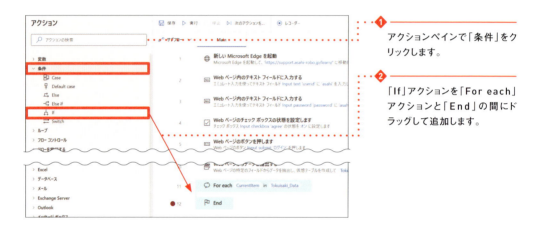

❶ アクションペインで「条件」をクリックします。

❷ 「If」アクションを「For each」アクションと「End」の間にドラッグして追加します。

「最初のオペランド」には、条件分岐に用いる変数を入力します。「オペランド」とは、演算の対象となる値のことを指します。今回は会社名を抽出したいため、「%CurrentItem['会社名']%」と入力します。

❸ 「最初のオペランド」に「%CurrentItem['会社名']%」と入力します。

「演算子」で、条件分岐の処理実行条件を選択します。「If」アクションは各オペランドの値が演算子の条件を満たした場合に処理が実行されます。今回は会社名が「株式会社あさひMATTER」の場合に処理を実行するため、「と等しい (=)」を選択します。

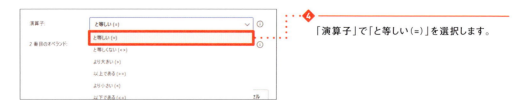

❹ 「演算子」で「と等しい (=)」を選択します。

「2番目のオペランド」に、条件分岐の比較対象となる値、もしくは変数を入力します。今回は「株式会社あさひMATTER」と入力します。

❺「2番目のオペランド」に「株式会社あさひMATTER」と入力します。

❻「保存」をクリックします。

「If」アクション追加後のフローは左のようになります。

◆ **メールアドレスのデータを変数に格納する**

ここまでの手順で特定の会社名のデータのみを抽出することができました。抽出した値を変数に格納してみましょう。

変数に値を格納する場合は、「変数の設定」アクションを使用します。

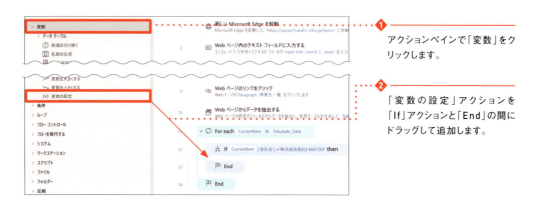

❶ アクションペインで「変数」をクリックします。

❷「変数の設定」アクションを「If」アクションと「End」の間にドラッグして追加します。

「変数」で、生成される変数の名称を設定します。既存の変数から選択することも可能です。初期設定値の変数名は「NewVar」となっています。今回は「株式会社あさひMATTER」のメールアドレスを値として設定するため、変数名を「MailAddress」とします。

❸「変数」を「MailAddress」に変更します。

「MailAddress」に、変数に格納する値を入力します。今回は取得したデータテーブルからメールアドレスの値を取得するため、「%CurrentItem['メールアドレス']%」と入力します。

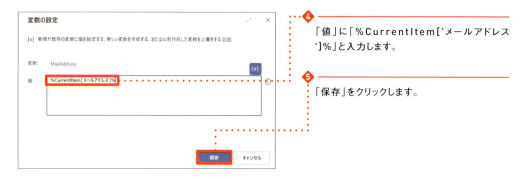

❹「値」に「%CurrentItem['メールアドレス']%」と入力します。

❺「保存」をクリックします。

目的の値が取得できた後は、それ以上ループを繰り返す必要がありません。そのため、「ループを抜ける」アクションを設置しておきます。「ループを抜ける」アクションを使用すると、途中であっても繰り返し処理を終了させることができます。

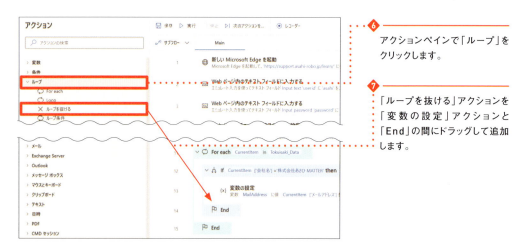

❻アクションペインで「ループ」をクリックします。

❼「ループを抜ける」アクションを「変数の設定」アクションと「End」の間にドラッグして追加します。

「ループを抜ける」アクションなどのパラメーターの設定が不要なアクションは、アクションを配置した際にダイアログボックスは表示されません。

ここまで作成したフローの全体像は以下のようになります。

ここまで作成したフローの動作確認を行ってみましょう。処理が成功すれば「株式会社あさひMATTER」のメールアドレスが抽出され、変数に格納されます。

▷（実行）をクリックしてフローを実行します。

変数ペインの「フロー変数」で「MailAddress」をダブルクリックします。

「株式会社あさひMATTER」のメールアドレスが抽出されていることを確認します。

4-9 データの取得結果をメッセージ表示

　これで、目的のデータを抽出することができるようになりました。最後に、データが抽出できているかを可視化するため、データの抽出結果をメッセージとして表示してみましょう。今回は、データが抽出できている場合と、できていない場合で表示するメッセージを変更したいため、条件分岐を使用します。

◆ **条件分岐でデータの抽出結果をメッセージ表示する**

　条件分岐には先ほど使用した「If」アクションと、新たに「Else」アクションを使用します。「Else」アクションは「If」アクションの条件を満たさない場合に処理される条件分岐です。

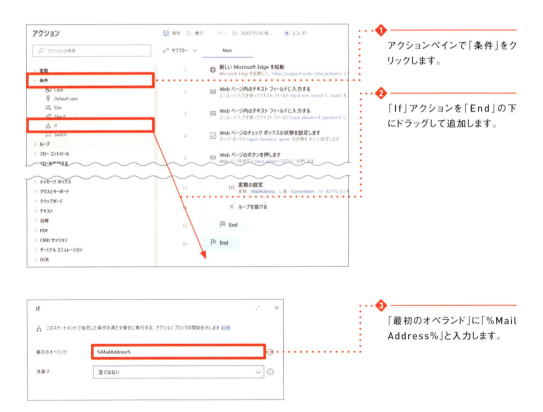

❶ アクションペインで「条件」をクリックします。

❷ 「If」アクションを「End」の下にドラッグして追加します。

❸ 「最初のオペランド」に「%MailAddress%」と入力します。

④「演算子」で「空ではない」を選択します。

⑤「保存」をクリックします。

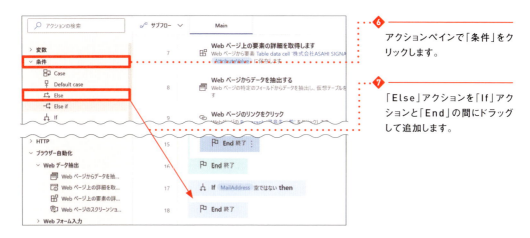

⑥ アクションペインで「条件」をクリックします。

⑦「Else」アクションを「If」アクションと「End」の間にドラッグして追加します。

「Else」アクションはパラメーターの設定が不要なため、アクションを配置した際にダイアログボックスは表示されません。

「If」アクションと「Else」アクションを追加後のフローは左のようになります。

163

メッセージを表示するには、P.57でも紹介した「メッセージを表示」アクションを使用します。まずはデータが抽出できた場合のメッセージを表示するため、「If」アクションの下に、「メッセージを表示」アクションを追加しましょう。

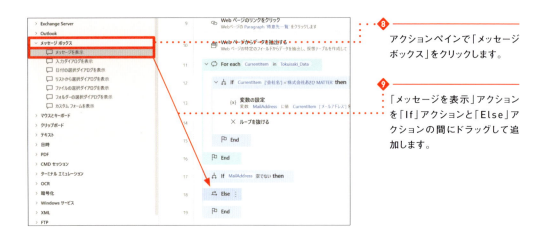

❽ アクションペインで「メッセージボックス」をクリックします。

❾ 「メッセージを表示」アクションを「If」アクションと「Else」アクションの間にドラッグして追加します。

　「メッセージ ボックスのタイトル」に、表示されるメッセージボックスのタイトルを入力します。ここでは「検索結果」と入力します。
　「表示するメッセージ」に、メッセージボックスに表示されるメッセージ内容を入力します。ここでは「メールアドレスを取得できました！」と入力します。

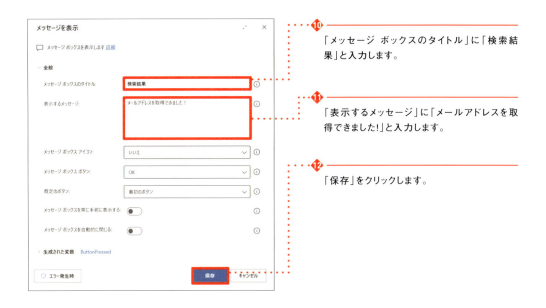

❿ 「メッセージ ボックスのタイトル」に「検索結果」と入力します。

⓫ 「表示するメッセージ」に「メールアドレスを取得できました!」と入力します。

⓬ 「保存」をクリックします。

第4章　Webブラウザーやデスクトップアプリケーションの操作

　さらに、データが抽出できなかった場合のメッセージを表示するため、別の「メッセージを表示」アクションを「Else」アクションの下に追加しましょう。

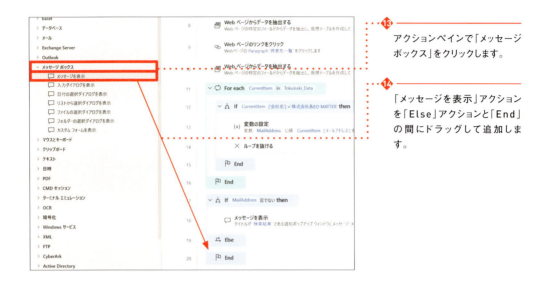

⑬ アクションペインで「メッセージ ボックス」をクリックします。

⑭ 「メッセージを表示」アクションを「Else」アクションと「End」の間にドラッグして追加します。

　「メッセージ ボックスのタイトル」には、「検索結果」と入力しましょう。
　「表示するメッセージ」には、「メールアドレスを取得できませんでした。」と入力しましょう。

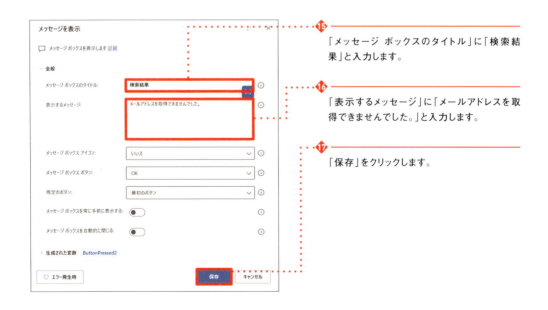

⑮ 「メッセージ ボックスのタイトル」に「検索結果」と入力します。

⑯ 「表示するメッセージ」に「メールアドレスを取得できませんでした。」と入力します。

⑰ 「保存」をクリックします。

　これで目的のデータを絞り込んで抽出し、抽出結果を表示するフローが完成しました。フローの最終的な全体像は左のようになります。

　実際にフローを実行して、想定どおりの処理ができているか確認してみましょう。また、12行目の「If」アクション内で、対象の会社名を変更して抽出するデータを変更し、試してみましょう。また、データの抽出に成功すると左下のメッセージが表示され、データの抽出に失敗すると右下のメッセージが表示されることも確認してください。

　この章の実行内容はサンプルを配布しています。サンプルファイルの内容とあわせてご確認ください。

4-10 | デスクトップアプリケーションの操作

　ここからはPower Automate for desktopを使い、デスクトップアプリケーションの操作を自動化する方法を解説します。デスクトップアプリケーションにはメニュー選択や入力条件指定などが必要な場合が多く、複雑なフロー制作になるのではと思われがちですが、一つ一つの操作を確認してみるとかんたんに自動化できる内容だったということがあります。たとえば、顧客情報の登録や当月売上データを検索して印刷するといった業務の場合、操作手順は毎回決まっており、入力内容だけを変えて繰り返し行われています。

　Power Automate for desktopでは、Excelなどの一部のアプリケーションには専用のアクションが用意されていますが、それ以外のデスクトップアプリケーションには専用のアクションは用意されていません。使用するアクションがExcelのように準備されていないため、難しそうに感じられるデスクトップアプリケーションの自動化ですが、「UI オートメーション」アクショングループのアクションを使うことで実現することができます。**操作したいUI要素（ボタンやテキストフィールド）に対応するアクションを配置することで操作が可能**です。

◆ 学習を進めるための準備

　今回、学習のために使用するデスクトップアプリケーションは「ロボ研ラーニングApp」です。以降、本書では説明の際に使用していきます。以下のURLよりダウンロードしてください。

https://gihyo.jp/book/2025/978-4-297-14734-1

　ダウンロード完了後、「Asahi.Learning.App.zip」を解凍し、解凍後のフォルダー「Asahi.Learning.App」を任意のフォルダーに格納してください。説明上、本書では次のフォルダー構成で説明を進めます。ほかのフォルダーに格納した場合は読み替えて進めてください。ただし、「Asahi.Learning.exe」の保存先を解凍後のフォルダーとは違う場所にしてしまうとエラーが出る場合があるので、移動させないようにしてください。

C:\app\Asahi.Learning.App（※\は¥と同等）のフォルダー構成

Resources	フォルダー
Asahi.Learning.exe	実行ファイル
Asahi.Learning.exe.config	設定ファイル

◆ UIの操作について

Power Automate for desktopでのデスクトップアプリケーションの操作では、主に「UI オートメーション」グループのアクションを使用します。使用するアクションは第4章で学習したWeb操作時に使用したアクションと違いますが、**アクションの配置の方法や登録したUI要素をクリックするという考え方は同じ**です。

操作するアクションとして、「UI オートメーション」アクショングループに、「ウィンドウの UI 要素をクリック」「ウィンドウ内のテキスト フィールドに入力する」「ウィンドウにある UI 要素の詳細を取得する」「ウィンドウからデータを抽出する」があります。これらのアクションでボタンをクリックしたり、テキストフィールドに入力したり、ウィンドウ内にあるUIからデータを抽出したりすることができます。

それでは、以下の業務の流れをイメージしながら、デスクトップアプリケーションを操作するフローを、4-11〜4-13で作成します。

①デスクトップアプリケーションを起動し、ログインする。
②入力画面を開き、受注情報を入力する。
③一覧画面から「印刷」ボタンをクリックして、PDFとして出力し、デスクトップに保存する。

4-11 アプリケーションの起動とログイン

ここでは、アクションを利用して、デスクトップアプリケーションを起動したうえで、ユーザーIDの入力、パスワードの入力、「ログイン」ボタンのクリックを行います。

◆ 作成するフローの確認

今回用いる「ロボ研ラーニングApp」では起動時にログイン画面が表示され、ユーザーIDとパスワードを入力する必要があります。

起動からログインまでの操作手順は以下のとおりです。

① 「ロボ研ラーニングApp」を起動する。
② ユーザーIDのテキストフィールドに「asahi」と入力する。
③ パスワードのテキストフィールドに「asahi」と入力する。
④ 「ログイン」ボタンをクリックする。

この手順を自動化するフローを作成していきます。

◆ 「ロボ研ラーニングApp」を起動する

アプリケーションを起動するには、「アプリケーションの実行」アクションをワークスペースに追加します。

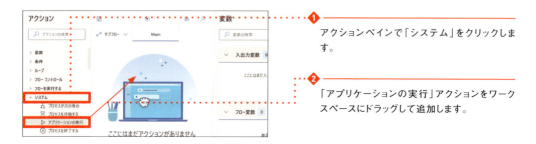

① アクションペインで「システム」をクリックします。

② 「アプリケーションの実行」アクションをワークスペースにドラッグして追加します。

「アプリケーション パス」で、起動したいアプリケーションの実行ファイルの絶対パスを設定します。今回は起動するAsahi.Learning.exeのファイルパス（ここでは「C:\app\Asahi.Learning.App\Asahi.Learning.exe」）を指定します。

「アプリケーション起動後」では、次のアクションが実行されるタイミングを選択します。「すぐ続行」は、「アプリケーションの実行」アクションの実行後、次のアクションを実行します。「アプリケーションの読み込みを待機」は、アプリケーションの起動後、実行します。「アプリケーションの完了を待機」は、アプリケーションの終了後、実行します。今回はアプリケーションの起動後、次のアクションを実行するため、「アプリケーションの読み込みを待機」を選択します。

③ 「アプリケーション パス」にAsahi.Learning.exeの絶対パスを入力します。

④ 「アプリケーション起動後」で「アプリケーションの読み込みを待機」を選択します。

⑤ 「保存」をクリックします。

第4章　Webブラウザーやデスクトップアプリケーションの操作

> **COLUMN**
>
> アプリケーションの起動を待たずに次のアクションへ移動してしまうと、アプリケーションがまだ起動中で準備ができていないために想定の操作が正しくできずにエラーとなってしまうケースがあります。クリックしたいボタンが表示されていないというエラーなどです。アプリケーションの起動を待つには、「アプリケーション起動後」で「アプリケーションの読み込みを待機」を選択します。この設定を行うと起動に時間がかかるアプリケーションにも対応することができ、次のアクションを実行できます。

◆　**ユーザーIDのテキストフィールドに入力する**

「ウィンドウ内のテキスト フィールドに入力する」アクションをワークスペースに追加します。

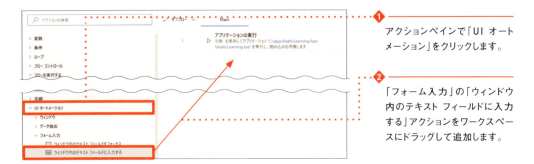

① アクションペインで「UI オートメーション」をクリックします。

② 「フォーム入力」の「ウィンドウ内のテキスト フィールドに入力する」アクションをワークスペースにドラッグして追加します。

「テキスト ボックス」で、入力するテキストフィールドのUI要素を指定します。テキストボックスのドロップダウンから「UI 要素の追加」をクリックし、ユーザーIDを入力するテキストフィールドのUI要素を取得します。

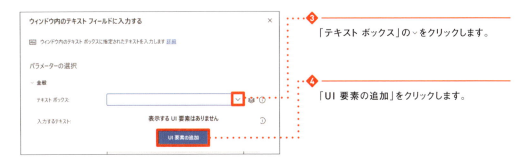

③ 「テキスト ボックス」の∨をクリックします。

④ 「UI 要素の追加」をクリックします。

171

⑤ ユーザーIDのテキストフィールドにマウスポインターを合わせ、赤枠が表示された状態で「Ctrl」キーを押しながらクリックします。

「入力するテキスト」で、入力方法を選択したうえで、入力するテキストを指定します。今回は「テキスト、変数、または式として入力します」を選択し、「asahi」と入力します。

⑥ 「入力するテキスト」で「テキスト、変数、または式として入力します」を選択します。

⑦ 「asahi」と入力します。

⑧ 「保存」をクリックします。

COLUMN

「入力するテキスト」のドロップダウンで「テキスト、変数、または式として入力します」を選択した場合、設定した文字列は閲覧できる状態で表示されますが、「直接暗号化されたテキストの入力」を選択した場合、設定した文字列は他者に入力した内容が閲覧できないように隠されます。パスワードなどの機密情報を入力するテキストフィールドでは、「直接暗号化されたテキストの入力」を選択する必要があります。通常のテキストとして入力した場合、フローの実行時に警告メッセージが表示されます。

◆ パスワードのテキストフィールドに入力する

「ウィンドウ内のテキスト フィールドに入力する」アクションをワークスペースに追加します。

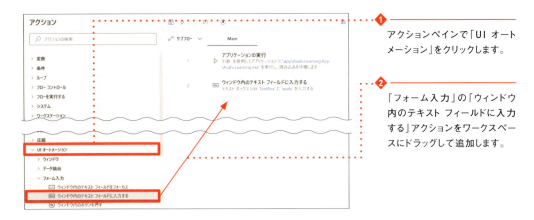

① アクションペインで「UI オートメーション」をクリックします。

② 「フォーム入力」の「ウィンドウ内のテキスト フィールドに入力する」アクションをワークスペースにドラッグして追加します。

「テキスト ボックス」で、ドロップダウンから「UI 要素の追加」をクリックし、パスワードを入力するテキストフィールドのUI要素を取得します。

③ 「テキスト ボックス」の∨をクリックします。

④ 「UI 要素の追加」をクリックします。

⑤ パスワードのテキストフィールドにマウスポインターを合わせ、赤枠が表示された状態で「Ctrl」キーを押しながらクリックします。

173

「入力するテキスト」で、入力方法を選択したうえで、入力するテキストを指定します。今回はパスワードを入力するので他者に入力した内容が閲覧できないように「直接暗号化されたテキストの入力」を選択し、「asahi」と入力します。入力した内容は「•」で伏字になります。

❻ 「入力するテキスト」で「直接暗号化されたテキストの入力」を選択します。

❼ 「asahi」と入力します。

❽ 「保存」をクリックします。

◆ 「ログイン」ボタンのUI要素をクリックする

「ウィンドウのUI要素をクリック」アクションをワークスペースに追加します。

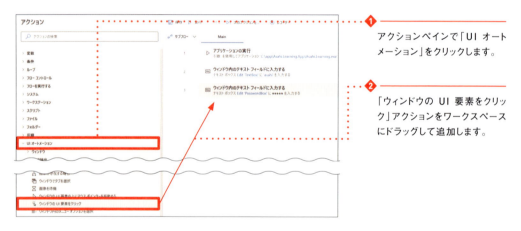

❶ アクションペインで「UI オートメーション」をクリックします。

❷ 「ウィンドウの UI 要素をクリック」アクションをワークスペースにドラッグして追加します。

「UI要素」で、UI要素を指定します。UI要素のドロップダウンから「UI要素の追加」をクリックし、「ログイン」ボタンのUI要素を取得します。

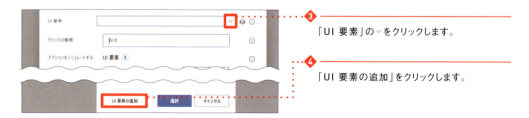

❸ 「UI 要素」の∨をクリックします。

❹ 「UI 要素の追加」をクリックします。

⑤ 「ログイン」にマウスポインターを合わせ、赤枠が表示された状態で「Ctrl」キーを押しながらクリックします。

「クリックの種類」で、クリックの種類を選択します（今回は「左クリック」）。

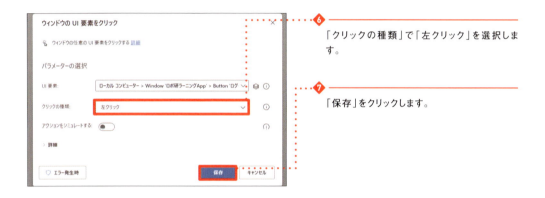

⑥ 「クリックの種類」で「左クリック」を選択します。

⑦ 「保存」をクリックします。

「ウィンドウの UI 要素をクリック」アクションを追加したら、実行してログインできるか確認してみましょう。

COLUMN

クリックの種類は、「左クリック」「右クリック」「ダブルクリック」に加えて、「左ボタンを押す」「左ボタンを離す」「右ボタンを押す」「右ボタンを離す」「中クリック」から選択できます。「ウィンドウの UI 要素をクリック」アクションと「マウスの移動」アクションを組み合わせることで、ドラッグを用いた範囲指定を行うことができます。「ウィンドウの UI 要素をクリック」アクションで「左ボタンを押す」を選択し、「マウスの移動」アクションで任意の箇所までマウスを移動、「ウィンドウの UI 要素をクリック」アクションで「左ボタンを離す」を選択します。

4-12 明細情報入力

業務の中で発生した受注情報をデスクトップアプリケーションへ入力・登録するというイメージで、製品コード、受注日、数量を入力していきます。

◆ 作成するフローの確認

「ロボ研ラーニングApp」の場合、製品名は製品コード、単価は数量を入力すると自動表示されます。つまり、すべての項目を操作する必要はないということです。このように、デスクトップアプリケーション側に有効な機能がある場合は無理に自動化せず、すでに備わっている機能を活用し、フロー作成を進めるのもテクニックの一つです。ここでは、以下の動作について作成します。

① 「メニュー」画面の「入力画面」ボタンをクリックする。
② 「受注入力」画面の「製品コード」に「0001」と入力する。
③ 「受注入力」画面の「受注日」に「2024/01/01」と入力する。
④ 「受注入力」画面の「数量」に「5」と入力する。
⑤ 「登録」ボタンをクリックする。

この手順を自動化するフローを作成していきます。

第4章　Ｗｅｂブラウザーやデスクトップアプリケーションの操作

◆　「入力画面」ボタンのUI要素をクリックする

「ウィンドウのUI要素をクリック」アクションをワークスペースに追加します。

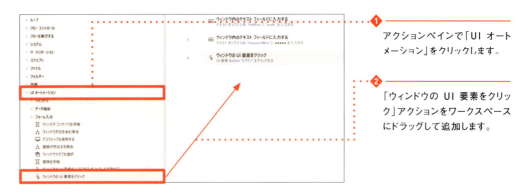

❶ アクションペインで「UIオートメーション」をクリックします。

❷ 「ウィンドウのUI要素をクリック」アクションをワークスペースにドラッグして追加します。

「UI要素」で、クリックするボタンのUI要素を取得します。UI要素のドロップダウンから「UI要素の追加」をクリックし、「入力画面」ボタンのUI要素を取得します。

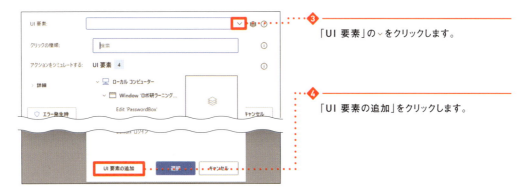

❸ 「UI要素」の˅をクリックします。

❹ 「UI要素の追加」をクリックします。

⑤「入力画面」にマウスポインターを合わせ、赤枠が表示された状態で「Ctrl」キーを押しながらクリックします。

「クリックの種類」で、クリックの種類を選択します。今回は「左クリック」を選択します。

⑥「クリックの種類」で「左クリック」を選択します。

⑦「保存」をクリックします。

◆ 「製品コード」のテキストフィールドに入力する

「ロボ研ラーニングApp」の「入力画面」をクリックし、受注入力ウィンドウを開いた後、「ウィンドウ内のテキスト フィールドに入力する」アクションをワークスペースに追加します。

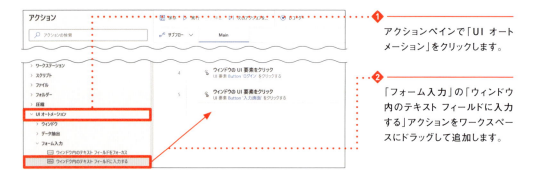

❶ アクションペインで「UI オートメーション」をクリックします。

❷「フォーム入力」の「ウィンドウ内のテキスト フィールドに入力する」アクションをワークスペースにドラッグして追加します。

「テキスト ボックス」で、入力するテキストフィールドのUI要素を指定します。テキストボックスのドロップダウンから「UI 要素の追加」をクリックし、「製品コード」のテキストフィールドのUI要素を取得します。

③「テキスト ボックス」の∨をクリックします。

④「UI 要素の追加」をクリックします。

⑤「製品コード」のテキストフィールドにマウスポインターを合わせ、赤枠が表示された状態で「Ctrl」キーを押しながらクリックします。

「入力するテキスト」で、入力方法を選択したうえで、入力するテキストを指定します。今回は「テキスト、変数、または式として入力します」を選択し、「0001」と入力します。

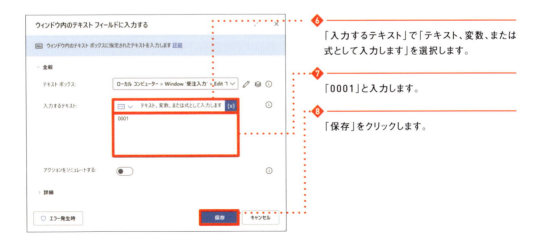

⑥「入力するテキスト」で「テキスト、変数、または式として入力します」を選択します。

⑦「0001」と入力します。

⑧「保存」をクリックします。

◆ 「受注日」のテキストフィールドに入力する

「ウィンドウ内のテキスト フィールドに入力する」アクションをワークスペースに追加します。

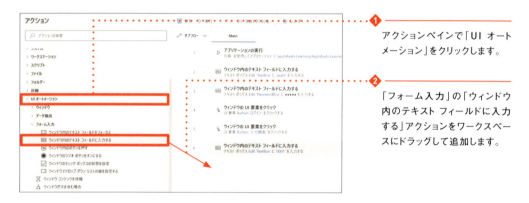

① アクションペインで「UI オートメーション」をクリックします。

② 「フォーム入力」の「ウィンドウ内のテキスト フィールドに入力する」アクションをワークスペースにドラッグして追加します。

「テキスト ボックス」で、入力するテキストフィールドのUI要素を指定します。テキストボックスのドロップダウン∨から「UI 要素の追加」をクリックし、「受注日」のテキストフィールドのUI要素を取得します。UI要素にマウスポインターを合わせたとき、「UI Custom」ではなく、テキスト入力ができる「Edit」と表示されるようにします。

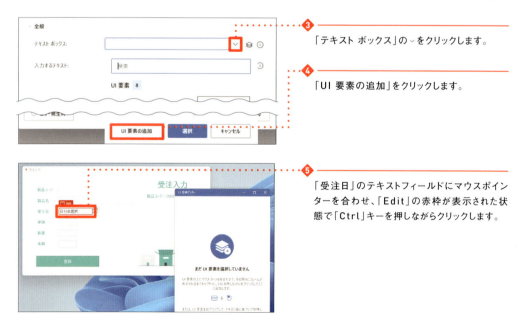

③ 「テキスト ボックス」の∨をクリックします。

④ 「UI 要素の追加」をクリックします。

⑤ 「受注日」のテキストフィールドにマウスポインターを合わせ、「Edit」の赤枠が表示された状態で「Ctrl」キーを押しながらクリックします。

「入力するテキスト」で、入力方法を選択したうえで、入力するテキストを指定します。今回は「テキスト、変数、または式として入力します」を選択し、「2024/01/01」と入力します。

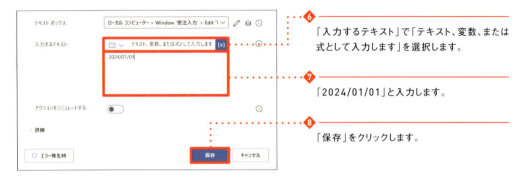

❻ 「入力するテキスト」で「テキスト、変数、または式として入力します」を選択します。

❼ 「2024/01/01」と入力します。

❽ 「保存」をクリックします。

COLUMN

「受注日」の選択はカレンダーピッカーより可能ですが、カレンダーから日付を判断し、該当の日付を選択するフローを作成するのは難易度が高くなります。かわりにキーボードから直接日付が設定できるか確認し、可能な場合は「ウィンドウ内のテキスト フィールドに入力する」アクションで入力すると、アクションの数を減らすことが可能です。ここでは日付を「2024/01/01」の形式で入力可能なため、「入力するテキスト」に設定しています。

◆ 「数量」のテキストフィールドに入力する

「ウィンドウ内のテキスト フィールドに入力する」アクションをワークスペースに追加します。

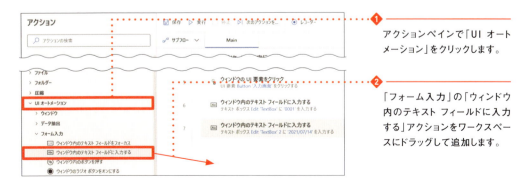

❶ アクションペインで「UI オートメーション」をクリックします。

❷ 「フォーム入力」の「ウィンドウ内のテキスト フィールドに入力する」アクションをワークスペースにドラッグして追加します。

「テキスト ボックス」で、入力するテキストフィールドのUI要素を指定します。テキストボックスのドロップダウンから「UI 要素の追加」をクリックし、「数量」のテキストフィールドのUI要素を取得します。

❸ 「テキスト ボックス」の∨をクリックします。

❹ 「UI 要素の追加」をクリックします。

❺ 「数量」のテキストフィールドにマウスポインターを合わせ、「Edit」の赤枠が表示された状態で「Ctrl」キーを押しながらクリックします。

「入力するテキスト」で、入力方法を選択したうえで、入力するテキストを指定します。今回は「テキスト、変数、または式として入力します」を選択し、「5」と入力します。

❻ 「入力するテキスト」で「テキスト、変数、または式として入力します」を選択します。

❼ 「5」と入力します。

❽ 「保存」をクリックします。

◆ 「登録」ボタンのUI要素をクリックする

「ウィンドウのUI要素をクリック」アクションをワークスペースに追加します。

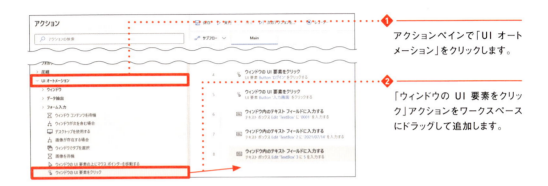

❶ アクションペインで「UI オートメーション」をクリックします。

❷ 「ウィンドウの UI 要素をクリック」アクションをワークスペースにドラッグして追加します。

「UI 要素」で、クリックするボタンのUI要素を取得します。UI要素のドロップダウンから「UI 要素の追加」をクリックし、「登録」ボタンのUI要素を取得します。

❸ 「UI 要素」の∨をクリックします。

❹ 「UI 要素の追加」をクリックします。

❺ 「登録」にマウスポインターを合わせ、赤枠が表示された状態で「Ctrl」キーを押しながらクリックします。

「クリックの種類」で、クリックの種類を選択します。今回は「左クリック」を選択します。

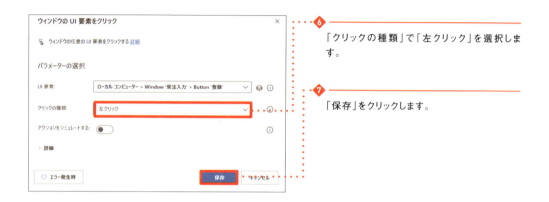

6 「クリックの種類」で「左クリック」を選択します。

7 「保存」をクリックします。

COLUMN

「ウィンドウの UI 要素をクリック」アクションでは設定項目の「詳細」にある「UI 要素に対するマウスの相対位置」でUI要素をクリックする位置を調整することが可能です。

「UI 要素に対するマウスの相対位置」は、チェックを付けた箇所を起点とし、「オフセット X」、「オフセット Y」の値だけ移動した箇所をクリックさせます。

入力する値は「オフセット X」は右側がプラス値、左側がマイナス値、「オフセット Y」は上側がマイナス値、下側がプラス値となります。

例として❼にチェックを付けた場合、左下を起点として、オフセットX、オフセットYの値が加算され、移動した場所がクリックされます。

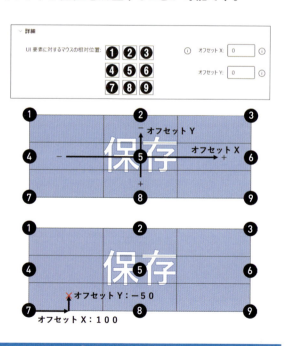

◆ ウィンドウを閉じる

「ウィンドウを閉じる」アクションをワークスペースに追加します。

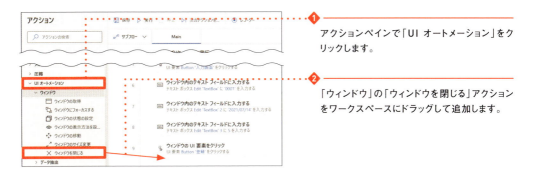

① アクションペインで「UI オートメーション」をクリックします。

② 「ウィンドウ」の「ウィンドウを閉じる」アクションをワークスペースにドラッグして追加します。

「ウィンドウの検索モード」で、ウィンドウの検索モードを選択します。今回は「ウィンドウの UI 要素ごと」を選択します。

③ 「ウィンドウの検索モード」で「ウィンドウの UI 要素ごと」を選択します。

COLUMN

「ウィンドウの検索モード」の「ウィンドウの UI 要素ごと」は、閉じるウィンドウをUI要素で指定します。「ウィンドウのインスタンス/ハンドルごと」は、閉じるウィンドウをインスタンスまたはハンドルで指定します。「タイトルやクラスごと」は、閉じるウィンドウをタイトルやクラスで指定します。今回の例では「ウィンドウの UI 要素ごと」を使用しましたが、UI要素が取得できない場合は、「タイトルやクラスごと」を選択し、ウィンドウのタイトルなどで指定する方法も可能です。

「ウィンドウ」で、受注入力のウィンドウを設定します。ウィンドウのドロップダウンから、「Window'受注入力'」を選択します。

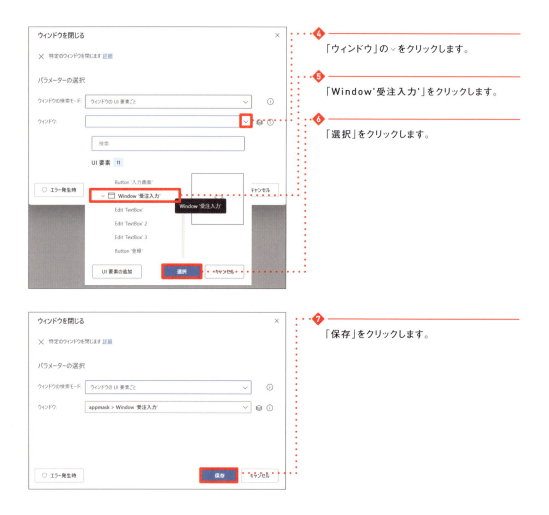

④「ウィンドウ」の∨をクリックします。

⑤「Window'受注入力'」をクリックします。

⑥「選択」をクリックします。

⑦「保存」をクリックします。

COLUMN

操作するアプリケーションによっては「ウィンドウを閉じる」アクションで操作できないものがあります。その場合は、ウィンドウ右上の「×」ボタンや、画面上にある「閉じる」ボタン、「終了」ボタンを、「ウィンドウの UI 要素をクリック」でクリックするという方法で終了することができます。

4-13 PDFの出力

　デスクトップアプリケーション内に登録されているデータをPDFとして出力します。PDFの出力にはWindows 11の仮想プリンター「Microsoft Print to PDF」を用います。今回は出力先をPDFとしますが、プリンターの設定を実際に設置している複合機やプリンターを出力先とすることで、実際に紙に印刷することも可能です。

◆ 作成するフローの確認

以下の手順を自動化するフローを作成していきます。

① 「メニュー」画面の「一覧画面」ボタンをクリックする。
② 「受注一覧」画面の「印刷」ボタンをクリックする。
③ 「印刷プレビュー」画面の「印刷（プリンター）」アイコンをクリックする。
④ 「印刷」画面の「印刷」ボタンをクリックする。
⑤ 「印刷結果を名前を付けて保存」画面でファイル名を入力し、「保存」ボタンをクリックする。
⑥ 「印刷プレビュー」画面を閉じる。　⑦ 「受注一覧」画面を閉じる。

◆ 既定のプリンターを設定する

　印刷処理を実行する前に、どのプリンターから印刷するかを設定する必要があるため、「既定のプリンターを設定」アクションをワークスペースに追加します。

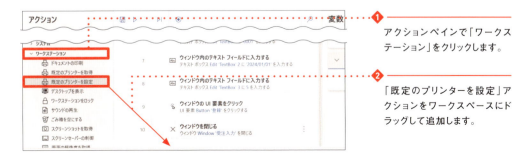

❶ アクションペインで「ワークステーション」をクリックします。

❷ 「既定のプリンターを設定」アクションをワークスペースにドラッグして追加します。

「プリンター名」に、使用するプリンターの名前を入力します。ドロップダウンから「Microsoft Print to PDF」を選択します。

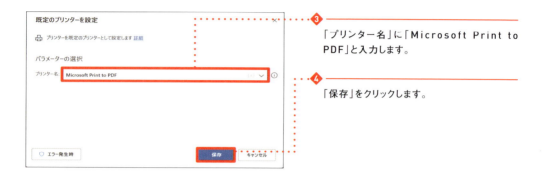

❸ 「プリンター名」に「Microsoft Print to PDF」と入力します。

❹ 「保存」をクリックします。

COLUMN

「既定のプリンターを設定」アクションを使用すると、印刷に用いるプリンターを変更可能です。ただし、一時的な変更ではないため、ほかのフローやフロー実行後、手動で印刷をする場合は注意が必要です。「既定のプリンターを設定」アクションの前に「既定のプリンターを取得」アクションで変更前のプリンターを取得しておき、フローの最後に「既定のプリンターを設定」アクションを配置すれば、既定のプリンターを変更前のプリンターに戻すことができます。

◆ 「一覧画面」ボタンのUI要素をクリックする

「ウィンドウのUI要素をクリック」アクションをワークスペースに追加します。

「UI 要素」で、クリックするボタンのUI要素を取得します。ドロップダウンから「UI 要素の追加」をクリックし、「一覧画面」ボタンのUI要素を取得します。

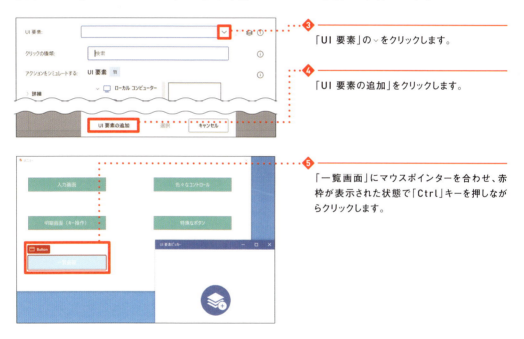

「クリックの種類」で、クリックの種類を選択します。今回は「左クリック」を選択します。

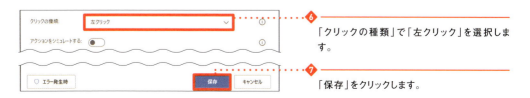

◆「印刷」ボタンのUI要素をクリックする

「ウィンドウのUI要素をクリック」アクションをワークスペースに追加します。

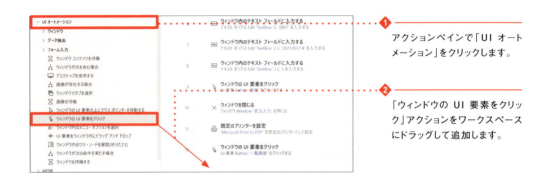

「UI要素」で、クリックするボタンのUI要素を取得します。ドロップダウンから「UI要素の追加」をクリックし、「印刷」ボタンのUI要素を取得します。

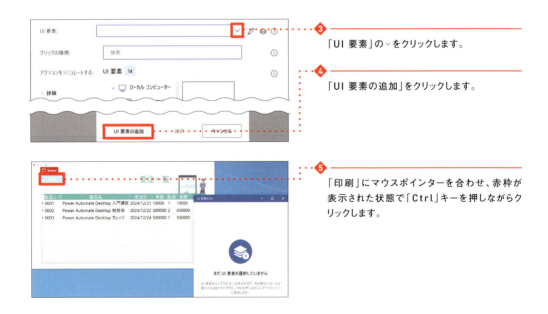

「クリックの種類」で、クリックの種類を選択します。今回は「左クリック」を選択します。

第 4 章　Ｗｅｂブラウザーやデスクトップアプリケーションの操作

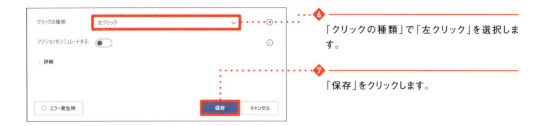

❻「クリックの種類」で「左クリック」を選択します。

❼「保存」をクリックします。

◆ 印刷アイコンのUI要素をクリックする

「ウィンドウのUI要素をクリックする」アクションをワークスペースに追加します。

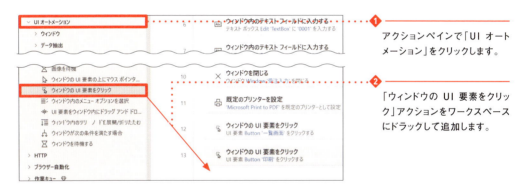

❶ アクションペインで「UI オートメーション」をクリックします。

❷「ウィンドウの UI 要素をクリック」アクションをワークスペースにドラックして追加します。

「UI 要素」で、クリックするアイコンのUI要素を取得します。ドロップダウンから「UI 要素の追加」をクリックし、印刷アイコン のUI要素を取得します。

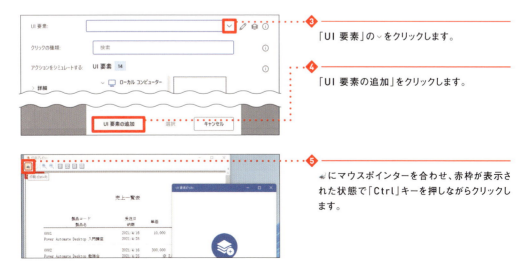

❸「UI 要素」の をクリックします。

❹「UI 要素の追加」をクリックします。

❺ にマウスポインターを合わせ、赤枠が表示された状態で「Ctrl」キーを押しながらクリックします。

191

「クリックの種類」で、クリックの種類を選択します。今回は「左クリック」を選択します。

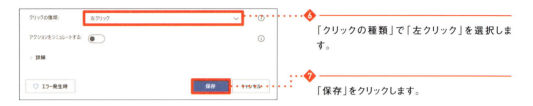

❻ 「クリックの種類」で「左クリック」を選択します。

❼ 「保存」をクリックします。

◆ 「印刷」画面の「印刷」ボタンのUI要素をクリックする

「ウィンドウのUI要素をクリック」アクションをワークスペースに追加します。

❶ アクションペインで「UIオートメーション」をクリックします。

❷ 「ウィンドウのUI要素をクリック」アクションをワークスペースにドラッグして追加します。

「UI要素」で、クリックするボタンのUI要素を取得します。ドロップダウンから「UI要素の追加」をクリックし、「印刷」ボタンのUI要素を取得します。

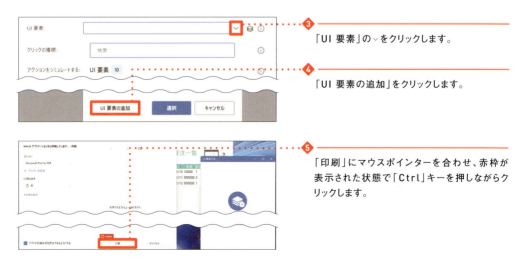

❸ 「UI要素」の⌄をクリックします。

❹ 「UI要素の追加」をクリックします。

❺ 「印刷」にマウスポインターを合わせ、赤枠が表示された状態で「Ctrl」キーを押しながらクリックします。

「クリックの種類」で、クリックの種類を選択します。今回は「左クリック」を選択し、「保存」をクリックします。

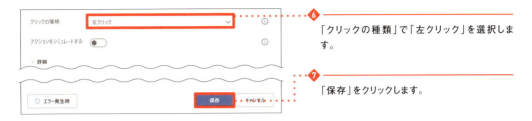

⑥「クリックの種類」で「左クリック」を選択します。

⑦「保存」をクリックします。

COLUMN

ボタンやアイコンにショートカットキーが割り当てられている場合、「キーの送信」アクションを用いてアプリケーションを操作できます。「印刷」ボタンには「Alt+P」キーが割り当てられており、「印刷」画面で「Alt+P」を入力することでボタンを選択することが可能です。使用する場合は「キーの送信」アクションを配置し、「送信するテキスト」に「{Alt}({P})」と入力します。

◆「ファイル名」のテキストフィールドに入力する

「特別なフォルダーを取得」アクションをワークスペースに追加します。「特別なフォルダーの名前」でデスクトップを選択します。「特別なフォルダーを取得」アクションについては第6章P.261を参照してください。

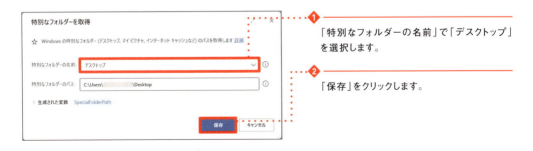

①「特別なフォルダーの名前」で「デスクトップ」を選択します。

②「保存」をクリックします。

「ウィンドウ内のテキスト フィールドに入力する」アクションをワークスペースに追加します。「テキスト ボックス」で、テキストフィールドのUI要素を取得します。ドロップダウンから「UI 要素の追加」をクリックし、「ファイル名」のテキストフィー

ルドのUI要素を取得します。

❸ 「テキスト ボックス」の∨をクリックします。

❹ 「UI 要素の追加」をクリックします。

❺ 「ファイル名」のテキストフィールドにマウスポインターを合わせ、「Edit」の赤枠が表示された状態で「Ctrl」キーを押しながらクリックします。

「入力するテキスト」で、入力方法を選択したうえで、入力するテキストを指定します。今回は「テキスト、変数、または式として入力します」を選択し、「%SpecialFolderPath%\テスト印刷.pdf」と入力します。

❻ 「入力するテキスト」で「テキスト、変数、または式として入力します」を選択します。

❼ 「%SpecialFolderPath%\テスト印刷.pdf」と入力します。

❽ 「保存」をクリックします。

第4章　Ｗｅｂブラウザーやデスクトップアプリケーションの操作

◆ 「保存」ボタンのUI要素をクリックする

「ウィンドウのUI要素をクリック」アクションをワークスペースに追加します。

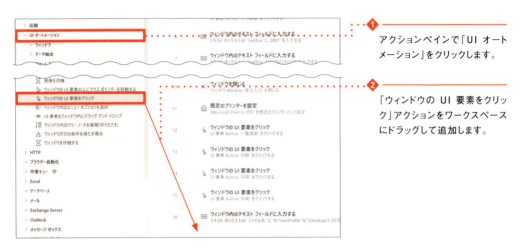

❶ アクションペインで「UI オートメーション」をクリックします。

❷ 「ウィンドウの UI 要素をクリック」アクションをワークスペースにドラッグして追加します。

「UI 要素」で、UI要素を取得します。ドロップダウンから「UI 要素の追加」をクリックし、「保存」ボタンのUI要素を取得します。

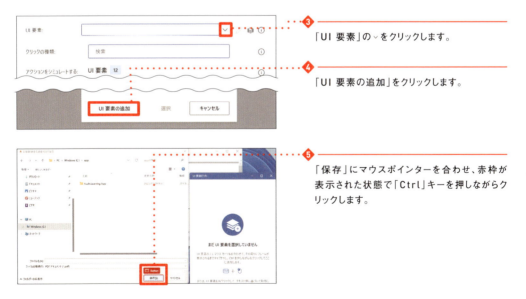

❸ 「UI 要素」の∨をクリックします。

❹ 「UI 要素の追加」をクリックします。

❺ 「保存」にマウスポインターを合わせ、赤枠が表示された状態で「Ctrl」キーを押しながらクリックします。

「クリックの種類」で、クリックの種類を選択します。今回は「左クリック」を選択します。

195

⑥「クリックの種類」で「左クリック」を選択します。

⑦「保存」をクリックします。

◆ 「印刷プレビュー」画面を閉じる

「ウィンドウを閉じる」アクションをワークスペースに追加します。

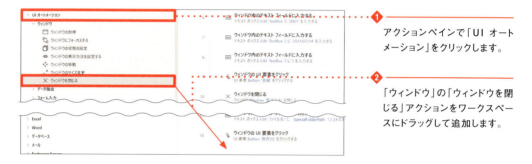

① アクションペインで「UI オートメーション」をクリックします。

②「ウィンドウ」の「ウィンドウを閉じる」アクションをワークスペースにドラッグして追加します。

「ウィンドウの検索モード」で、ウィンドウの検索モードを選択します。今回は「ウィンドウの UI 要素ごと」を選択します。

③「ウィンドウの検索モード」で「ウィンドウの UI 要素ごと」を選択します。

「ウィンドウ」で、閉じるウィンドウを設定します。今回は、「Window'印刷プレビュー'」を選択します。

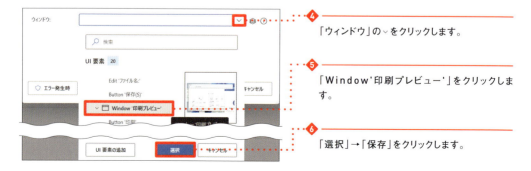

④「ウィンドウ」の∨をクリックします。

⑤「Window'印刷プレビュー'」をクリックします。

⑥「選択」→「保存」をクリックします。

◆「受注一覧」画面を閉じる

「ウィンドウを閉じる」アクションをワークスペースに追加します。

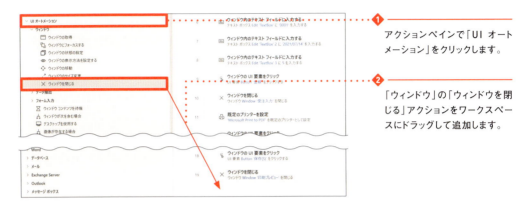

① アクションペインで「UI オートメーション」をクリックします。

② 「ウィンドウ」の「ウィンドウを閉じる」アクションをワークスペースにドラッグして追加します。

「ウィンドウの検索モード」で、ウィンドウの検索モードを選択します。今回は「ウィンドウの UI 要素ごと」を選択します。

③ 「ウィンドウの検索モード」で「ウィンドウの UI 要素ごと」を選択します。

「ウィンドウ」で、閉じるウィンドウを設定します。今回は、「Window'受注一覧'」を選択します。

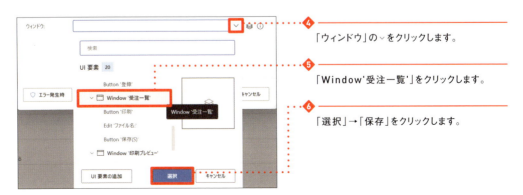

④ 「ウィンドウ」の∨をクリックします。

⑤ 「Window'受注一覧'」をクリックします。

⑥ 「選択」→「保存」をクリックします。

197

これでフローは完成です。フローの全体像は以下のとおりです。

1	▷	**アプリケーションの実行** 引数 を使用してアプリケーション 'C:\app\Asahi.Learning.App\Asahi.Learning.exe' を実行し、読み込みを待機します
2	Abc	**ウィンドウ内のテキスト フィールドに入力する** テキスト ボックス Edit 'TextBox' に 'asahi' を入力する
3	Abc	**ウィンドウ内のテキスト フィールドに入力する** テキスト ボックス Edit 'PasswordBox' に ●●●● を入力する
4		**ウィンドウの UI 要素をクリック** UI 要素 Button 'ログイン' をクリックする
5		**ウィンドウの UI 要素をクリック** UI 要素 Button '入力画面' をクリックする
6	Abc	**ウィンドウ内のテキスト フィールドに入力する** テキスト ボックス Edit 'TextBox' に '0001' を入力する
7	Abc	**ウィンドウ内のテキスト フィールドに入力する** テキスト ボックス Edit 'TextBox' 2 に '2021/07/14' を入力する
8	Abc	**ウィンドウ内のテキスト フィールドに入力する** テキスト ボックス Edit 'TextBox' 3 に 5 を入力する
9		**ウィンドウの UI 要素をクリック** UI 要素 Button '登録' をクリックする
10	✕	**ウィンドウを閉じる** ウィンドウ Window '受注入力' を閉じる
11	🖶	**既定のプリンターを設定** 'Microsoft Print to PDF' を既定のプリンターとして設定
12		**ウィンドウの UI 要素をクリック** UI 要素 Button '一覧画面' をクリックする
13		**ウィンドウの UI 要素をクリック** UI 要素 Button '印刷' をクリックする
14		**ウィンドウの UI 要素をクリック** UI 要素 Button '印刷' をクリックする
15		**ウィンドウの UI 要素をクリック** UI 要素 Button '印刷' をクリックする
16	☆	**特別なフォルダーを取得** フォルダー デスクトップ のパスを取得し、 SpecialFolderPath に保存する
17	Abc	**ウィンドウ内のテキスト フィールドに入力する** テキスト ボックス Edit 'ファイル名:' に SpecialFolderPath \テスト印刷.pdf' を入力する
18		**ウィンドウの UI 要素をクリック** UI 要素 Button '保存(S)' をクリックする
19	✕	**ウィンドウを閉じる** ウィンドウ Window '印刷プレビュー' を閉じる
20	✕	**ウィンドウを閉じる** ウィンドウ Window '受注一覧' を閉じる

第4章　Webブラウザーやデスクトップアプリケーションの操作

4-14 | アプリケーション操作における テクニック

　業務上のデスクトップアプリケーションの操作をイメージして、デスクトップアプリケーションの起動、ログイン、受注情報の入力、画面に表示されている情報のPDF出力といった一連の処理の流れを作成しました。一連の操作で体験いただいたように「ウィンドウの UI 要素をクリック」アクションを用いることで、アプリケーションの多くの操作は実現可能です。デスクトップアプリケーションの操作は実にシンプルです。

　Power Automate for desktopにはUIオートメーションとしてコントロール別のアクションも用意されています。これらを活用することで有効なフローを作成することが可能となります。今回は代表的なアクションの使い方を解説します。

◆ ウィンドウにあるUI要素の詳細を取得する

　作業中の画面上に取得したい情報（文字列や説明文、表など）がある場合、Webブラウザーであれば、キーボードやマウス操作からコピーなどで取得できますが、デスクトップアプリケーションの場合、画面からテキストをコピーできず、情報を取得できないことが多いでしょう。「UI オートメーション」アクショングループの「データ抽出」の「ウィンドウにある UI 要素の詳細を取得する」アクションでは、画面上のテキストや、表内の値を抽出することができます。

　たとえば、「受注入力」画面の製品コードはUI要素が取得可能です。

この場合、「ウィンドウにあるUI要素の詳細を取得する」アクションの「UI要素」で「受注入力」画面の製品コードのUI要素を設定し、「属性名」に取得したい属性を設定します。今回のようにテキストを取得する際は「Own Text」を選択します。

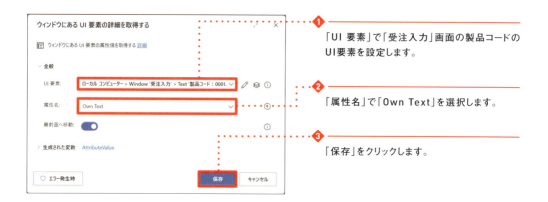

① 「UI要素」で「受注入力」画面の製品コードのUI要素を設定します。

② 「属性名」で「Own Text」を選択します。

③ 「保存」をクリックします。

　アクション実行時に取得された値は変数「%AttributeValue%」に格納されます。

COLUMN

取得できる属性は以下の通りです。「属性名」のドロップダウンに表示されていないものは直接入力することで取得可能です。

Own Text	controltype	isoffscreen
Exists	localizedcontroltype	class
Location and Size	name	id
Enabled	processid	parentwindowhandle
windowtitle	processname	bulktext
Iskeyboardfocusable	ispassword	Accesskey
helptext	iscontrolelement	Acceleratorkey
haskeyboardfocus	iscontentelement	

第4章　Webブラウザーやデスクトップアプリケーションの操作

◆　ウィンドウからデータを抽出する

「UI オートメーション」アクショングループの「データ抽出」の「ウィンドウからデータを抽出する」アクションでは、画面上の表からデータテーブルとして値を取得できます。たとえば「受注一覧」画面の表はデータテーブルとして抽出が可能です。

「ウィンドウからデータを抽出する」アクションの「ウィンドウ」で「受注一覧」画面の表を設定し、「抽出したデータの保存場所」で取得した値の格納先を選択します。格納先として「Excel スプレッドシート」、「変数」が選択できます。「Excel スプレッドシート」は新しいBookを起動し、シートに結果を出力します。「変数」は「生成された変数」に取得結果を出力します。ここでは、「変数」を選択します。

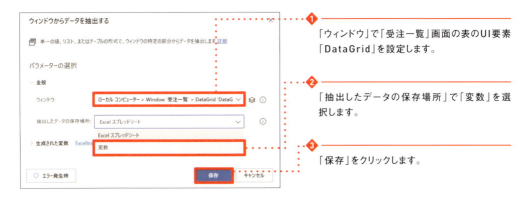

❶「ウィンドウ」で「受注一覧」画面の表のUI要素「DataGrid」を設定します。

❷「抽出したデータの保存場所」で「変数」を選択します。

❸「保存」をクリックします。

変数を選ぶと、データテーブルとして変数「%DataFormWindow%」に格納されます。

201

◆ ウィンドウでドロップダウンリストの値を設定する

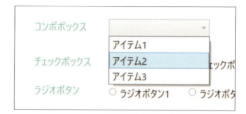

　ログイン画面におけるユーザーの選択や、期間設定の年／月の選択などの場面で、ドロップダウンが見受けられます。「ロボ研ラーニングApp」では「色々なコントロール」メニューの中にあります。

「UIオートメーション」アクショングループの「フォーム入力」の「ウィンドウでドロップダウンリストの値を設定する」アクションで、ドロップダウンの内容を選択することが可能です。

「ドロップダウンリスト」でドロップダウンのUI要素を設定します。

「操作」で操作内容を選択します。「選択したオプションをクリア」を選択すると、項目のクリアが可能です。「名前を使ってオプションを選択します」を選択した場合、「オプション名」で選択したい項目を設定します。「インデックスを使ってオプションを選択します」を選択した場合、「オプション インデックス」に選択する項目の番号を入力します。

◆ ウィンドウのラジオボタンをオンにする

　検索画面の条件など複数項目から1つだけ選択する必要があるケースで、ラジオボタンが見受けられます。

「UI オートメーション」アクショングループの「フォーム入力」の「ウィンドウのラジオ ボタンをオンにする」アクションを用いることで、ラジオボタンの操作が可能です。

「ラジオ ボタン」に選択状態としたいラジオボタンのUI要素を設定することで操作が可能となります。

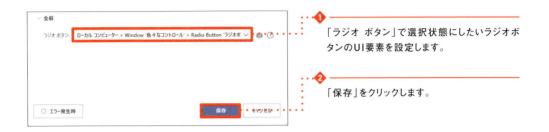

◆ ウィンドウのチェックボックスの状態を設定する

検索画面の条件で複数の項目を選択するケースや、1つのチェックボックスで設定をオン／オフにしたいケースで、チェックボックスが見受けられます。

「UI オートメーション」アクショングループの「フォーム入力」の「ウィンドウのチェック ボックスの状態を設定」アクションを用いることで、チェックボックスをオンまたはオフにすることが可能です。

「チェック ボックス」で、操作したいチェックボックスのUI要素を設定します。

「チェックボックスの状態を以下に設定する」で、チェックを付けたい場合は「オン」、チェックを外したい場合は「オフ」を選択することで、それぞれ操作が可能です。

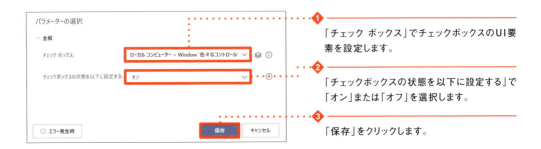

4-15 画像認識でのUI操作

アプリケーションによってはUI要素が取得できないボタンやテキストフィールドを使用しているものがあります。たとえば「ロボ研ラーニングApp」の場合、ログイン画面から「メニュー」画面に遷移し、「特殊なボタン」画面に進むと、画面上には4つのボタンが表示されます。実践フローで操作してきたボタンと見た目に違いはないように見えます。しかし、「特殊なボタン」画面にあるボタンを取得しようとすると、ボタンに赤枠が表示されずに画面全体に赤枠が表示されます。この場合、ボタンのUI要素を取得することはできません。

Power Automate for desktopは画像認識を用いることで、UI要素が取得できないアプリケーションも操作することができます。 UI要素が取得できない場合に有効です。利用例を紹介します。

◆ マウスポインターを画像に移動させる

「マウスとキーボード」アクショングループの「マウスを画像に移動」アクションは、登録した画像データにマウスポインターを移動させるアクションです。

アクションを追加したら、「画像を選択してください」をクリックし、マウスポインターを移動させたい画像の一部を指定します。

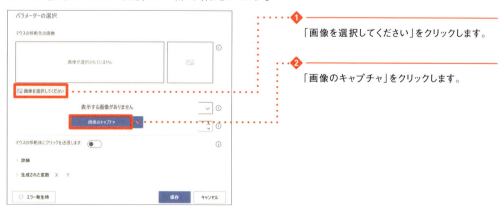

① 「画像を選択してください」をクリックします。

② 「画像のキャプチャ」をクリックします。

第4章　Ｗｅｂブラウザーやデスクトップアプリケーションの操作

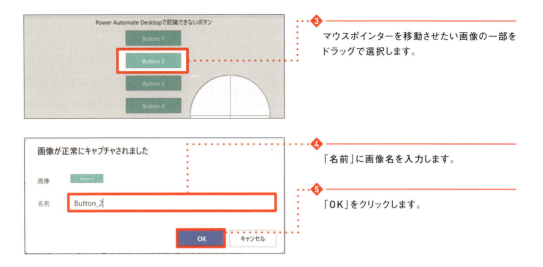

❸ マウスポインターを移動させたい画像の一部をドラッグで選択します。

❹ 「名前」に画像名を入力します。

❺ 「OK」をクリックします。

「マウスの移動先の画像」に取得した画像データが登録されます。これで、アクション実行時に登録した画像を検索し、そこにマウスポインターを移動できます。

「マウスの移動後にクリックを送信します」をオンにすると、マウスポインターが登録した画像に移動した後にクリックします。

「クリックの種類」で、クリックの種類を選択します。

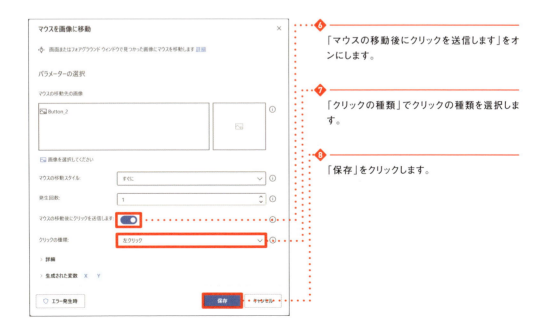

❻ 「マウスの移動後にクリックを送信します」をオンにします。

❼ 「クリックの種類」でクリックの種類を選択します。

❽ 「保存」をクリックします。

205

COLUMN

画像認識で操作する場合は操作対象が画面上に表示されている必要があります。たとえば「Button 2」ボタンをクリックしたい場合、以下のように操作対象のボタンがほかのウィンドウに隠れていると、Power Automate for desktopの画像認識機能ではボタンを認識できず、クリックできません。

そのため、画像認識で操作する場合は、必ず右のように操作対象が画面上に表示されている必要があります。

フロー実行時にクリックしたいウィンドウが背後に行く可能性がある場合は、「UI オートメーション」アクショングループの「ウィンドウ」の「ウィンドウにフォーカスする」アクションを使用します。このアクションはウィンドウにフォーカスし、前面に表示させることができます。

画像認識を使うアクションの前に「ウィンドウにフォーカスする」アクションを配置することで、ほかのウィンドウに隠れることを防ぐことができます。

第4章　Webブラウザーやデスクトップアプリケーションの操作

4-16　レコーダーを使った UI操作の自動化

　レコーダーを活用すれば、人が行うデスクトップ上のWebページの操作やデスクトップアプリケーションの操作をかんたんにアクションに置き換えられます。この機能により、直感的なフロー作成が可能です。ただし、人が行った操作をそのままアクションに置き換えるため、余計なマウス操作やキーボードからの入力もアクションに置き換えられてしまいます。そこでおすすめしたいのは、**大まかな操作を「レコーダー」で記録し、アクションに変換する方法**です。その後、アクションごとに細かな調整をしていくのがよいでしょう。

　ここでは、「ロボ研ラーニングApp」のログイン操作を例にレコーダーの使用方法を解説します。

◆ レコーダーを利用する

　レコーダーを使用する際は、フローデザイナーの◉（レコーダー）をクリックします。この際、事前に操作するアプリケーションを起動しておいてください。人によってはアプリケーションの起動をデスクトップ上のアイコンから行う場合もあると思います。デスクトップ上のアイコンから起動する方法もレコーダーで記録できますが、**そのまま記録してしまうとアイコンが移動したり削除されたりした場合に起動できなくなります**。そのため、アプリケーションの起動は「アプリケーションの実行」アクションで行うのがおすすめです。

　まずはP.170を参考に、「アプリケーションの実行」アクションを追加し、項目を設定します。アプリケーションを起動してから、◉（レコーダー）をクリックしてレコーダーを開始します。

❶「アプリケーションの実行」アクションを追加して設定します。

❷「ロボ研ラーニングApp」の起動後、◉（レコーダー）をクリックします。

207

「レコーダー」ウィンドウが表示されます。「記録」をクリックすると、「記録」が「一時停止」に変わり、操作の記録が開始されます。

❸「記録」をクリックします。

操作すると、クリックやキーボード入力のタイミングでアクションが追加されていきます。「ロボ研ラーニングApp」の「ユーザーID」のテキストフィールドに「asahi」と入力すると、「ウィンドウ内のテキスト フィールドに入力する」アクションとして記録され、入力文字として「asahi」が設定されます。

❹「ユーザーID」のテキストフィールドに「asahi」と入力します。

❺「ウィンドウ内のテキスト フィールドに入力する」アクションとして記録されます。

アクションは操作手順ごとに個別に記録されます。パスワードに「asahi」と入力すると、「ウィンドウ内のテキスト フィールドに入力する」アクションとして記録され、「機密テキスト」として入力されます。続いて「ログイン」をクリックします。

なお、文字が入力しにくい、ボタンがクリックしにくい、といったことでウィンドウを移動させた場合、ウィンドウの移動も記録されるので、事前にウィンドウの位置は確認しておきましょう。万が一間違った操作をした場合は、アクションの右端にある🗑をクリックすることでアクションの削除ができます。

208

第4章　Webブラウザーやデスクトップアプリケーションの操作

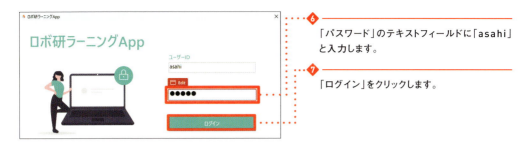

⑥「パスワード」のテキストフィールドに「asahi」と入力します。

⑦「ログイン」をクリックします。

操作の途中で「レコーダー」ウィンドウの「コメントを追加」をクリックすると、コメントの入力ができます。画面の遷移のタイミングなどでコメントを入れておくのもよいでしょう。操作が完了したら、「完了」をクリックします。

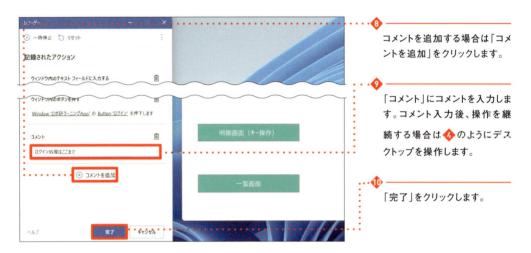

⑧ コメントを追加する場合は「コメントを追加」をクリックします。

⑨「コメント」にコメントを入力します。コメント入力後、操作を継続する場合は❹のようにデスクトップを操作します。

⑩「完了」をクリックします。

登録した操作はアクションとして、フローデザイナーのワークスペースに登録されます。レコーダーで記録した操作は、コメントとコメントの間に登録されます。コメントが不要の場合は削除してください。

⑪ アクションが追加されます。レコーダーで記録した部分の先頭と末尾には、そのことを示すコメントが追加されます。

209

◆ **画像認識でレコーダーを利用する**

　レコーダーには画像認識を利用した、画像ベースの記録をすることができます。レコーダーを起動すると、右上の︓をクリックすることで画像記録ボタンが表示されます。画像記録ボタンで「画像記録」のオン／オフが設定できます。操作の記録時にオンにすることで、UIを利用した操作ではなく、画像を利用した操作として記録します。適切な技術要件を満たしていないアプリケーションの場合、レコーダーでアクションを正しく記録できない場合があります。その場合は画像認識での記録を選択します。

　それでは、「ロボ研ラーニングApp」のログイン操作で画像記録を用いたレコーダーの使用方法を解説します。フローデザイナーの「レコーダー」を開始して「レコーダー」ウィンドウが表示されたら、右上の︓をクリックし、「画像記録」をオンにします。「記録」をクリックすると、操作の記録が開始されます。

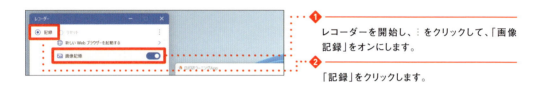

① レコーダーを開始し、︓をクリックして、「画像記録」をオンにします。
② 「記録」をクリックします。

　「ユーザーID」のテキストフィールドをクリックし、「asahi」と入力すると、クリックが「マウスを画像に移動します」アクションに置き換えられ、入力が「ウィンドウでキーを送信」アクションに置き換えられます。

　画像記録ではクリックしたUI要素が自動的にキャプチャされ記録されます。UI要素を用いた操作の場合、「ウィンドウ内のテキスト フィールドに入力する」アクションでUI要素へのクリックと入力が可能でしたが、画像を利用した操作の場合、「画像への移動」と「入力」に、アクションが分かれることに注意してください。

③ 「ユーザーID」のテキストフィールドに「asahi」と入力します。
④ 「マウスを画像に移動」アクションと「ウィンドウ内のテキスト フィールドに入力する」アクションとして記録されます。

パスワードの入力を行います。「パスワード」のテキストフィールドをクリックし、「asahi」と入力すると、「ユーザーID」の場合と同様に2つのアクションが追加されます。なお、**UI要素を利用した場合、パスワードが「機密テキスト」として記録されましたが、画像記録では閲覧可能な状態で記録される**ことに注意が必要です。

最後に「ログイン」をクリックし、「完了」をクリックします。

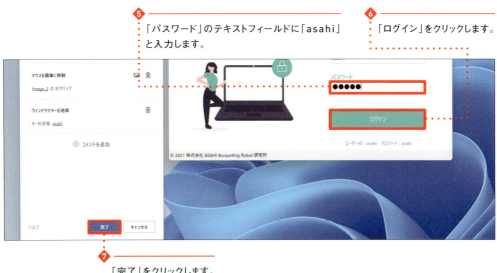

❺「パスワード」のテキストフィールドに「asahi」と入力します。
❻「ログイン」をクリックします。
❼「完了」をクリックします。

記録した操作がアクションに置き換わります。記録時に操作を止めると、止めた時間が「待機」アクションとして記録されます。不要な場合はアクションを削除してください。「画像ペイン」には画像記録で記録した画像が登録されます。

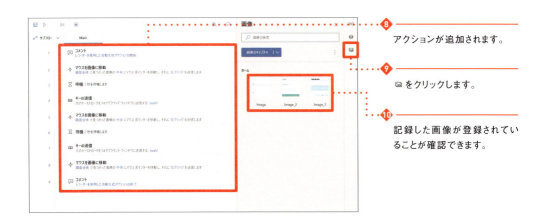

❽ アクションが追加されます。
❾ 🖼 をクリックします。
❿ 記録した画像が登録されていることが確認できます。

第 **5** 章

Excelの操作

5-1 Power Automate for desktopによるExcel操作

　この章では、Power Automate for desktopを使い、Excelの操作を自動化する方法を解説します。Excelの自動化はオフィスワークではもっとも需要があります。請求書などの帳票の作成や、個別の日報・成績をまとめたレポートの作成、Excelデータのシステムへの転記など、自動化したい作業が非常に多いものです。まずは概要から確認していきます。

◆ Excel VBAとPower Automate for desktop

　Excelの操作を自動化するという点では、Power Automate for desktopはVBAと共通していますが、プログラミング言語であるVBAを習得するのは難易度が上がります。Power Automate for desktopなら、よりかんたんに日々の業務を自動化できます。
　また、VBAで操作できるのは基本的にはExcelをはじめとするOffice製品のみですが、**Power Automate for desktopならより多くのソフトウェアで高度な自動化が実現できます**。前章で学習したようにPower Automate for desktopでは、Webページ上から取得したデータのExcelへの転記や、Excelデータの基幹システムへの入力など、さまざまなアプリケーションとの連携がより柔軟にできます。

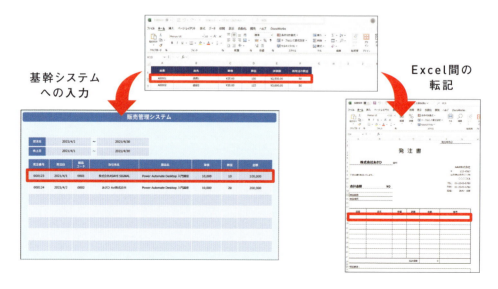

Power Automate for desktopでは、Excel操作のためのアクションが豊富に用意されています。アクションペインから「Excel」アクショングループを選択すると、一覧が表示されます。Excel関連のアクションはすべてこのアクショングループに含まれています。

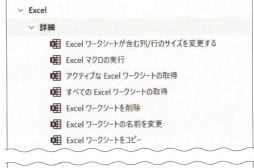

◆ 在庫管理業務を自動化する

　この章では、Excelを使った在庫管理業務を自動化していきます。
　学習に使うサンプルファイル「在庫リスト.xlsx」「発注書.xlsx」は「https://gihyo.jp/book/2025/978-4-297-14734-1」からダウンロードし、デスクトップ上に保存します。
　ファイル「在庫リスト.xlsx」は、商品の在庫数を管理するためのリストです。商品の「数量」が「再発注の数量」以下になったとき、商品を注文し、在庫を補充することになっています。
　該当する商品の「品番」、「品名」、「単価」をファイル「発注書.xlsx」に転記します。発注数量は後から担当者が入力するため、ここでは入力しません。注文した日がわかるように、ファイル名に当日の日付を入れて保存します。
　この作業を自動化するため、以下の手順に沿ってフローを作成していきます。

① 「在庫リスト.xlsx」からデータを読み取る。
② 「在庫リスト.xlsx」の「数量」が「再発注の数量」以下の商品があれば、該当する商品の「品番」、「品名」、「単価」を「発注書.xlsx」に転記する。
③ 「発注書.xlsx」のファイル名に、当日の日付を入れて保存する。

「再発注の数量」以下になったら商品を注文

払出
在庫が払い出されると在庫数量が減少する

「在庫リスト.xlsx」

「発注書.xlsx」

5-2 Excelの起動とワークシートの選択

　Power Automate for desktopでExcelファイルを起動するところから始めましょう。ファイルの操作に必要なパスの概念についてもあわせて確認します。また、Excelファイル内のワークシートを選択するところまで解説します。

◆ Excelファイルを起動する

　まずは、Power Automate for desktopから、以下のサンプルファイル「在庫リスト.xlsx」を起動できるようにします。

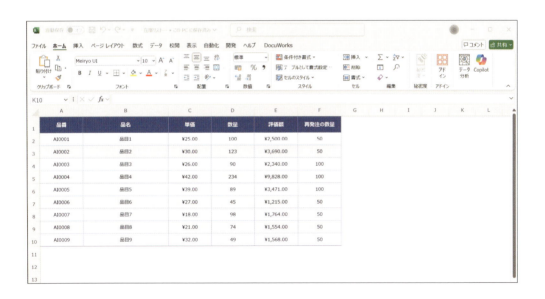

　通常、アプリケーションを起動する場合には「アプリケーションの実行」というアクションを使用しますが、日常業務で使用頻度の高いExcelの起動には専用のアクションが用意されています。
　「Excel」アクショングループから「Excelの起動」アクションをワークスペースにドラッグして追加します。

① アクションペインで「Excel」をクリックします。

② 「Excelの起動」アクションをワークスペースにドラッグして追加します。

「Excelの起動」アクションの、各項目を設定していきます。「Excelの起動」では、空白のドキュメントを開くか、既存のドキュメントを開くかを指定します。今回は既存のドキュメントを使用するため、「次のドキュメントを開く」を選択します。

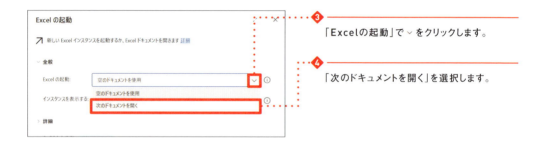

③ 「Excelの起動」で ∨ をクリックします。

④ 「次のドキュメントを開く」を選択します。

「ドキュメントパス」に、起動するドキュメントのパス（絶対パス）を入力します。ファイルをクリックで選択して入力できます。🗎 をクリックして、デスクトップ上に保存したファイル「在庫リスト.xlsx」を選択します。

COLUMN

パスとは、ファイルの保存位置を表現する文字列のことです。「C:\Users\ユーザー名\Documents\成績.xlsx」などのようにファイルが保存されているドライブ、フォルダーとファイル自体を指定します。上のアクション内で入力した絶対パスとは、システムの最上位階層を起点として目的のファイルの位置を記述する方法です。なお、「\（バックスラッシュ）」は日本語キーボードでは「¥」で入力します。「\」は使っているフォントなどによって「\」で表示されたり「¥」で表示されたりします。

第 5 章　Ｅｘｃｅｌの操 作

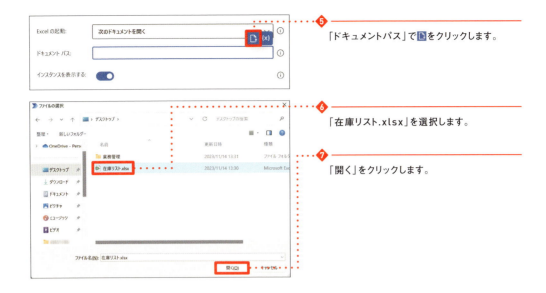

「生成された変数」の「ExcelInstance」は、起動中のExcelインスタンスを表す変数です。今後のExcel関連のアクションで、操作対象のExcelインスタンスを指定する場合に使用するため、覚えておきましょう。

◆ Excelワークシートを選択する

　ドキュメントを開いた後、操作するExcelワークシートを選択します。操作対象のワークシートを指定しない場合、以降のアクションは現在選択されているワークシートに対して実行されます。そのため、ドキュメント内に複数のワークシートが存在する場合、意図しないワークシートを操作してしまう恐れがあります。**このアクションを使って、必ず操作対象のワークシートを選択するようにしてください。**

　「アクティブなExcelワークシートの設定」アクションをワークスペースに追加します。

219

① アクションペインで「Excel」をクリックします。

② 「アクティブなExcelワークシートの設定」アクションをワークスペースにドラッグして追加します。

「Excelインスタンス」では、操作するExcelインスタンスを指定します。ここでは「Excelの起動」アクションで生成された変数「%ExcelInstance%」を選択します。

「次と共にワークシートをアクティブ化」では、対象のワークシートをインデックス番号で設定するか、名前で設定するかを指定します。今回は「名前」を選択します。シートの番号で指定する「インデックス」で設定する場合は、新しいワークシートを追加したり、ワークシートの順番を入れ替えたりすると、インデックス番号が変わる可能性があるので注意が必要です。

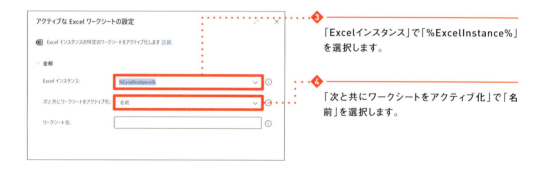

③ 「Excelインスタンス」で「%ExcelInstance%」を選択します。

④ 「次と共にワークシートをアクティブ化」で「名前」を選択します。

「ワークシート名」で、アクティブ化するワークシートの名前を入力します。今回はすでにあるワークシート名「在庫リスト」と入力します。

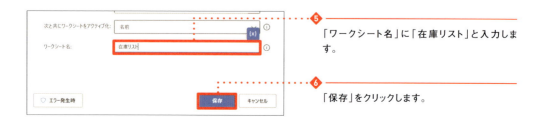

⑤ 「ワークシート名」に「在庫リスト」と入力します。

⑥ 「保存」をクリックします。

5-3 対象データの抽出

選択したExcelワークシートから値を読み取ります。また、読み取るデータのフォーマットに応じた値の取得方法についても確認していきます。

◆ ワークシートからデータを読み取る

アクティブ化したワークシートからデータを読み取ってPower Automate for desktopで利用できるようにします。

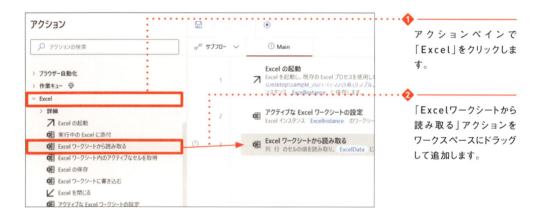

❶ アクションペインで「Excel」をクリックします。

❷ 「Excelワークシートから読み取る」アクションをワークスペースにドラッグして追加します。

「Excelインスタンス」で、操作するExcelインスタンスを指定します。ここでは「%ExcelInstance%」を選択します。

❸ 「Excelインスタンス」で「%ExcelInstance%」を選択します。

221

「取得」では、「単一セルの値」「セル範囲の値」「選択範囲の値」「ワークシートに含まれる使用可能なすべての値」「名前付きセルの値」のいずれかを指定します。

「セル範囲の値」を選択し、行番号と列番号を入力して範囲を指定することもできますが、実際の業務では在庫リストの品目が増減することもあり、どの範囲に値が入っているか事前に把握できないこともあります。そのような場合には「ワークシートに含まれる使用可能なすべての値」を選択することで、ワークシート全体からデータが含まれる範囲のみを読み取ることができます。

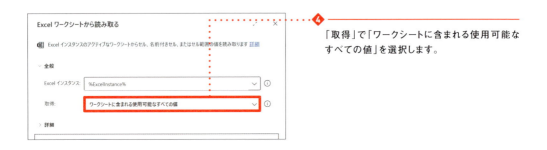

❹「取得」で「ワークシートに含まれる使用可能なすべての値」を選択します。

「詳細」の「範囲の最初の行に列名が含まれています」では、読み取った最初の行を列名と見なすかどうかを指定します。これをオンにした場合、最初の行は列名として読み取られ、テーブル内のデータを検索する際も列名で指定することができます。オフにした場合は最初の行もデータとして扱われます。

❺「詳細」をクリックします。

❻「範囲の最初の行に列名が含まれています」をオンにします。

「生成された変数」の変数「ExcelData」に、読み取ったデータが保存されます。このように、行と列で構成されたデータ型を「データテーブル型」といいます（P.80参照）。

⑦ データが保存される変数を確認します。

⑧ 「保存」をクリックします。

◆ 保存せずにExcelを閉じる

　Excelから読み取ったデータは変数「ExcelData」に格納され、Excelを閉じた後でも使用できます。データを読み取った後のExcelドキュメントは、後続の処理には不要です。不用意な操作を防ぐため、閉じておきましょう。ここではExcelを保存せずに閉じる方法を解説します。

① アクションペインで「Excel」をクリックします。

② 「Excelを閉じる」アクションをワークスペースにドラッグして追加します。

　「Excelインスタンス」では、操作するExcelインスタンスを指定します。ここでは、「%ExcelInstance%」を選択します。

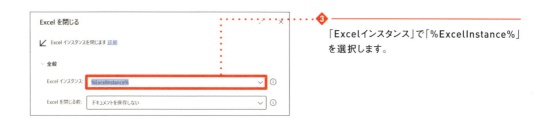

③ 「Excelインスタンス」で「%ExcelInstance%」を選択します。

　「Excelを閉じる前」で、Excelを閉じる際に、「ドキュメントを保存しない」、「ドキュメントを保存」、「名前を付けてドキュメントを保存」のいずれかを指定します。今回は「ドキュメントを保存しない」を選択します。

223

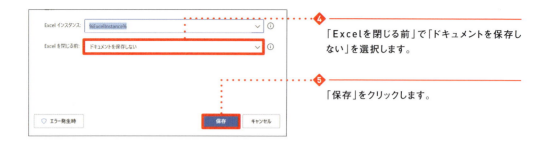

④ 「Excelを閉じる前」で「ドキュメントを保存しない」を選択します。

⑤ 「保存」をクリックします。

◆ フローを実行し読み取ったデータを確認する

ここまでのフローが完成したら、フローを実行し、データが正しく読み取られるかを確認します。

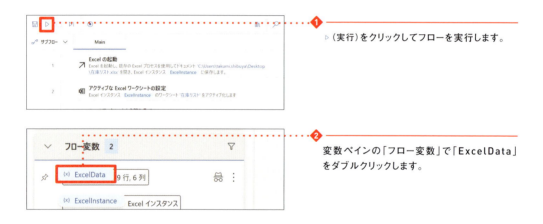

① ▷（実行）をクリックしてフローを実行します。

② 変数ペインの「フロー変数」で「ExcelData」をダブルクリックします。

変数に格納されているデータテーブルが表示されたら、在庫リストのデータが正しく読み取られていることを確認します。

③ データが読み取られていることを確認したら「閉じる」をクリックします。

◆ アクション1つでデータを読み取る

　ここまでは、Excelファイル「在庫リスト.xlsx」からデータを読み取る方法について紹介しました。Excel以外にも業務で使う帳票ファイルはいくつかあります。たとえば在庫管理システムなどから出力したCSVファイルが該当します。ファイルを開いたり閉じたりする操作や、データ範囲を指定する操作をしなくても、アクション1つでデータを読み取ることができます。CSVファイルを読み取る例を示します。

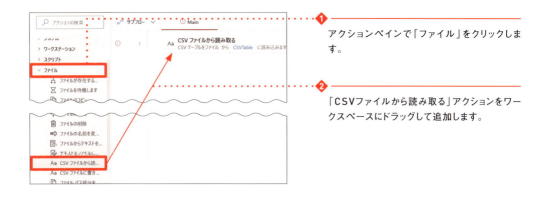

❶ アクションペインで「ファイル」をクリックします。

❷ 「CSVファイルから読み取る」アクションをワークスペースにドラッグして追加します。

　「ファイルパス」で、読み取るCSVファイルのパスを指定します。

❸ 「ファイルパス」に読み取るCSVファイルのパスを入力します。

　「エンコード」で、指定されたCSVファイルを読み取るためのエンコード方式を選択します。エンコード（符号化）とは、コンピューター上で文字を表現するために文字に数字を割り当てる処理のことです。エンコードにはいくつかの種類があり、ここで選択します。「システムの既定値」を選択すると、Windowsの既定のエンコードが使用されます。表示がうまくいかない場合は、エンコードを変更してみてください。

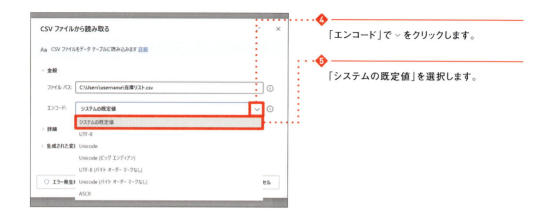

④「エンコード」で∨をクリックします。

⑤「システムの既定値」を選択します。

「詳細」の「最初の行に列名が含まれています」をオンにすると、最初の行を列名として読み取ることができます。

⑥「詳細」をクリックします。

⑦「最初の行に列名が含まれています」をオンにします。

「生成された変数」の変数「CSVTable」に、CSVから読み取ったデータが格納されます。

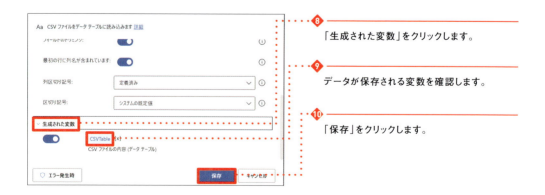

⑧「生成された変数」をクリックします。

⑨データが保存される変数を確認します。

⑩「保存」をクリックします。

設定が終わったらアクションを実行します。

⑪ ▷（実行）をクリックしてフローを実行します。

変数ペインの「フロー変数」で「CSVTable」をダブルクリックし、格納されたデータを確認します。

⑫ 変数ペインの「フロー変数」で「CSVTable」をダブルクリックします。

#	品番	品名	単価	数量	評価額	再発注の数量
0	AI0001	品目1	¥25.00	100	¥2,500.00	50
1	AI0002	品目2	¥30.00	123	¥3,690.00	50
2	AI0003	品目3	¥26.00	90	¥2,340.00	100
3	AI0004	品目4	¥42.00	234	¥9,828.00	100
4	AI0005	品目5	¥39.00	89	¥3,471.00	100
5	AI0006	品目6	¥27.00	45	¥1,215.00	50
6	AI0007	品目7	¥18.00	98	¥1,764.00	50
7	AI0008	品目8	¥21.00	74	¥1,554.00	50
8	AI0009	品目9	¥32.00	49	¥1,568.00	50

⑬ データが読み取られていることを確認したら「閉じる」をクリックします。

COLUMN

通常、セル範囲を指定するにはA1:C5などセルのアドレスを使用する方法が一般的ですが、セルやセル範囲に名前を付けることで、よりかんたんにセル参照を行える機能（名前の定義）がExcelには備わっています。

名前付きセルが存在するワークシートの場合、「Excelワークシートから読み取る」アクションで、読み取り範囲（取得）に「名前付きセルの値」を指定することができます。

たとえば、請求書の「発行者」「請求内容」「摘要」など、読み取りが必要な範囲にわかりやすい名前を付けておくことで、フォーマットの変更でセル位置が変わってしまった場合でも必要な項目を正しく読み取ることができます。

5-4 Excel間の転記

　ここまでの操作で、Excelの情報をPower Automate for desktopに取り込むことができました。今度は、この情報をExcelファイルに書き込みます。右のサンプルファイル「発注書.xlsx」を起動し、これまでの「在庫リスト.xlsx」から「数量」が「再発注の数量」以下という、条件に合致したものを転記します。

　人がExcel間でデータを転記する際には、転記元のファイルを開き、確認しながら作業を行うことが多いですが、**Power Automate for desktopでは一度データの取り込みができれば、後続の処理で使用する際、Excelファイルを開くことなくいつでもデータを利用できます。**

◆ データテーブルの行数分ループ処理を行う

　データテーブルの各行の「数量」と「再発注の数量」を比較し、条件に合致しているかを行数分繰り返し確認できるようループ処理を配置します。第4章でも使用した「For each」アクションを使います。

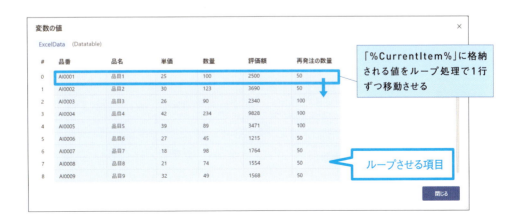

①アクションペインで「ループ」をクリックします。

②「For each」アクションをワークスペースにドラッグして追加します。

「反復処理を行う値」を設定します。変数%ExcelData%に格納されたデータテーブルの項目分ループ処理を行うため、「ExcelData」を選択します。

③「反復処理を行う値」で{x}をクリックします。

④「ExcelData」をダブルクリックします。

「保存先」の変数「CurrentItem」には、ループ処理の中で現在選択中の項目が格納されます。

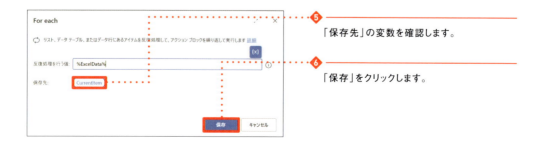

⑤「保存先」の変数を確認します。

⑥「保存」をクリックします。

◆ 条件に合致するデータを抽出する

　Excelから読み取ったデータテーブルを1行ずつループする処理ができました。ここからループ処理で行ごとの「数量」と「再発注の数量」を比較し、「数量」が「再発注の数量」以下の品目を抽出していきます。

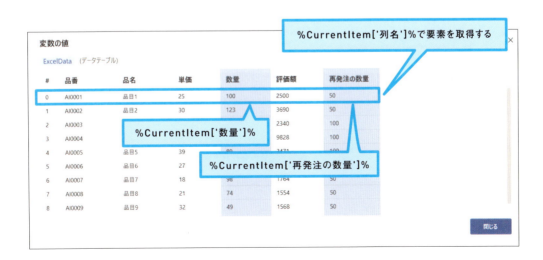

　変数%CurrentItem%に格納されている行データから特定の列の要素を取り出すには、%CurrentItem['列名']%と表記します。

取り出した「数量」と「再発注の数量」を数値として比較します。比較する値のデータ型が異なる場合、正しい結果が得られません。そのため、それぞれの値を数値型に変換する処理を行います。

❶ アクションペインで「テキスト」をクリックします。

❷ 「テキストを数値に変換」アクションを「For each」アクションと「End」の間にドラッグして追加します。

　「変換するテキスト」に、数値型に変換するテキストもしくは変数を入力します。数字以外のテキストを含む値は数値に変換することができません。今回は「%CurrentItem['数量']%」と入力し、「数量」列のデータを利用します。

❸ 「変換するテキスト」に「%CurrentItem['数量']%」と入力します。

　「生成された変数」の変数「TextAsNumber」には数値に変換された値が格納されます。変数に格納される値が「数量」であることがわかるように、変数名を「Quantity」に変更します。

第5章 Excelの操作

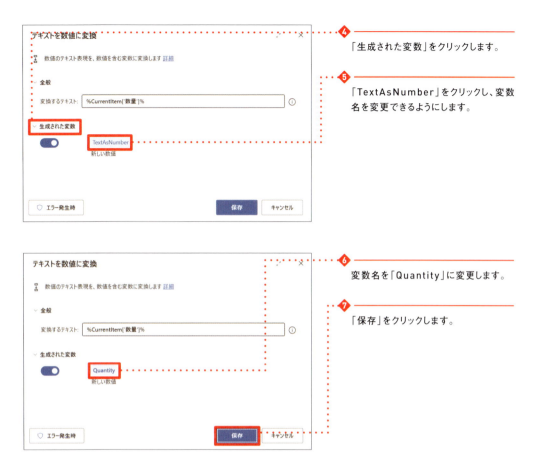

④「生成された変数」をクリックします。

⑤「TextAsNumber」をクリックし、変数名を変更できるようにします。

⑥ 変数名を「Quantity」に変更します。

⑦「保存」をクリックします。

同様に「再発注の数量」を数値に変換します。「テキストを数値に変換」アクションをコピーして、パラメーターを修正します。

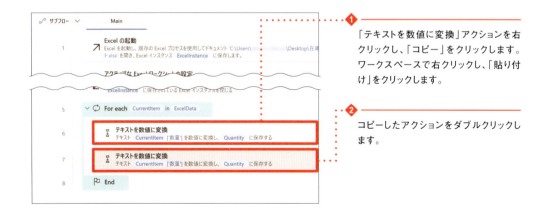

❶「テキストを数値に変換」アクションを右クリックし、「コピー」をクリックします。ワークスペースで右クリックし、「貼り付け」をクリックします。

❷ コピーしたアクションをダブルクリックします。

233

「変換するテキスト」を「%CurrentItem['再発注の数量']%」に変更し、「生成された変数」の変数名を「Quantity2」に変更します。

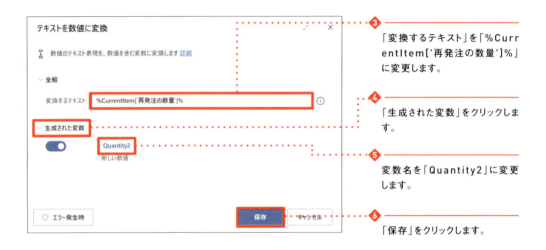

❸「変換するテキスト」を「%CurrentItem['再発注の数量']%」に変更します。

❹「生成された変数」をクリックします。

❺ 変数名を「Quantity2」に変更します。

❻「保存」をクリックします。

続いて、数値に変換した「数量」と「再発注の数量」を比較できるようにします。

❶ アクションペインで「条件」をクリックします。

❷「If」アクションを「テキストを数値に変換」アクションの下にドラッグして追加します。

「最初のオペランド」には、比較対象となる1つ目の値（テキスト、数値、または式）を入力します。変数の選択ボタンをクリックし、「数量」を格納する変数「Quantity」を選択します。

234

第5章　Excelの操作

❸「最初のオペランド」で{x}をクリックします。

❹「Quantity」をダブルクリックします。

「演算子」で、2番目のオペランドに対する最初のオペランドの関係を選択します。今回は「以下である（<=）」を選択します。

❺「演算子」で「以下である（<=）」を選択します。

「2番目のオペランド」に、最初のオペランドと比較する2つ目の値（テキスト、数値、または式）を入力します。変数の選択ボタンをクリックし、「再発注の数量」を格納する変数「Quantity2」を選択します。

❻「2番目のオペランド」で{x}をクリックします。

❼「Quantity2」をダブルクリックします。

❽「保存」をクリックします。

235

◆ 転記先のExcelを起動する

　転記先のExcelファイルを起動します。ファイルは一度起動すればよいので、繰り返し処理には含めません。そのため、「Excelの起動」アクションは「For each」アクションの上に配置します。

① アクションペインで「Excel」をクリックします。

② 「Excelの起動」アクションを「Excelを閉じる」アクションの下にドラッグして追加します。

「Excelの起動」で「次のドキュメントを開く」を選択します。

③ 「Excelの起動」で「次のドキュメントを開く」を選択します。

　「ドキュメントパス」に、デスクトップ上に保存したExcelファイル「発注書.xlsx」のパス（絶対パス）を入力するか、ファイルの選択ダイアログから対象のファイルを選択します。

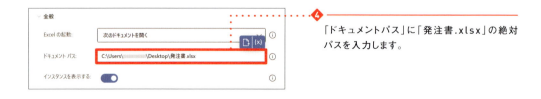

④ 「ドキュメントパス」に「発注書.xlsx」の絶対パスを入力します。

236

「生成された変数」に変数「ExcelInstance2」が自動的に生成されます。ここでは操作対象となる起動中のExcelは1つだけなので「在庫リスト.xlsx」のインスタンスと同じ変数名%ExcelInstance%を使用してかまいません。ただし、**複数のExcelを同時に起動して操作する場合は、それぞれのインスタンスを区別できるよう異なる変数名を使用する必要があります。**

❺「生成された変数」をクリックします。

❻末尾の「2」を削除し、変数名を「ExcelInstance」に変更します。

❼「保存」をクリックします。

COLUMN

新規ファイルを起動する場合は、「Excelの起動」アクションの「Excelの起動」で「空のドキュメントを使用」を選択します。

空のドキュメントに値を書き込んだ場合は、必ずファイルに名前を付けて保存します。この処理を忘れると、書き込んだデータが保存されずに消えてしまったり、ファイルをどこに保存したかわからなくなったりする可能性があります。Excelを保存するには「Excelの保存」アクションの「保存モード」で「名前を付けてドキュメントを保存」を選択します。

◆ 指定したセルに値を書き込む

条件に合致した値を発注書に書き込みます。書き込む値は「品番」「品名」「単価」です。

発注書を見ると、書き込む列は項目ごとに決まっていますが、行は19行目から27行目まで存在します。

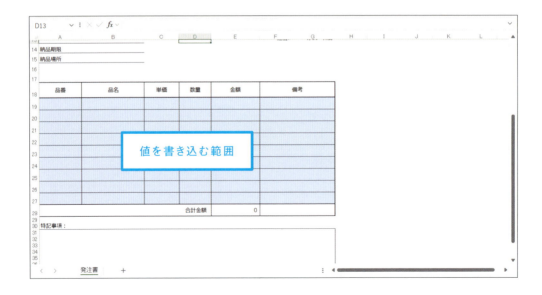

最初に条件に合致した値を19行目に書き込むフローを作成していきます。

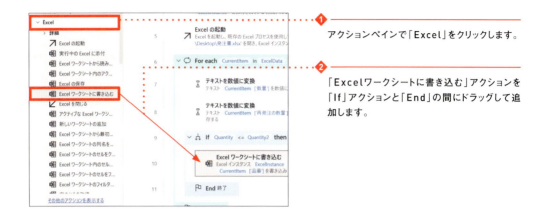

アクションペインで「Excel」をクリックします。

「Excelワークシートに書き込む」アクションを「If」アクションと「End」の間にドラッグして追加します。

「Excelインスタンス」で、操作するExcelインスタンスを指定します。ここでは、「%ExcelInstance%」を選択します。

「Excelインスタンス」で「%ExcelInstance%」を選択します。

「書き込む値」に、Excelワークシートに書き込む値もしくは変数を入力します。「%CurrentItem['品番']%」と入力します。

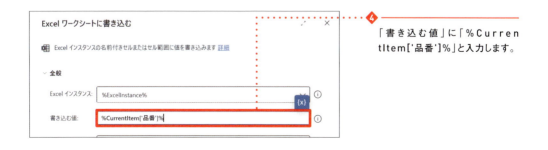

「書き込む値」に「%CurrentItem['品番']%」と入力します。

「書き込みモード」で、「指定したセル上」に値を書き込むか、「現在のアクティブなセル上」に書き込むか、「名前付きセル」に書き込むかを指定します。

⑤「書き込みモード」で「指定したセル上」を選択します。

「列」で、値を書き込む列を指定します。今回は「A」(もしくは「1」)と入力します。「行」では、値を書き込む行を指定します。今回は「19」と入力します。

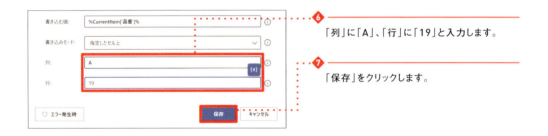

⑥「列」に「A」、「行」に「19」と入力します。

⑦「保存」をクリックします。

続いて、「品名」と「単価」を書き込むアクションを追加します。同じような設定のアクションが連続する場合は、アクションペインから新たにアクションを追加するよりも、コピーして貼り付けたほうがかんたんです。

まずは「品名」から進めます。

①「Excelワークシートに書き込む」アクションを右クリックします。

②「コピー」をクリックします。

③アクションを追加したい箇所の1つ下のアクションを選択し、「貼り付け」をクリックします。

240

④ コピーした「Excelワークシートに書き込む」アクションをダブルクリックします。

「Excelインスタンス」では「%ExcelInstance%」が選択されているので、変更の必要はありません。「書き込む値」には、「%CurrentItem['品名']%」と入力します。

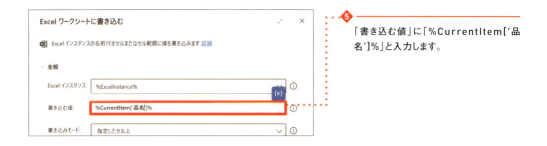

⑤ 「書き込む値」に「%CurrentItem['品名']%」と入力します。

「書き込みモード」では「指定したセル上」が選択されているので、変更の必要はありません。
「列」には、「B」（もしくは「2」）と入力します。「行」には「19」と入力されているので、変更の必要はありません。

⑥ 「列」に「B」と入力します。

⑦ 「保存」をクリックします。

同様に、「単価」を書き込むアクションを追加します。

① 「Excelワークシートに書き込む」アクションを右クリックし、「コピー」をクリックします。アクションを追加したい箇所の1つ下のアクションを選択し、「貼り付け」をクリックします。

② コピーしたアクションをダブルクリックします。

「Excelインスタンス」では「%ExcelInstance%」が選択されているので、変更の必要はありません。「書き込む値」には、「%CurrentItem['単価']%」と入力します。

③ 「書き込む値」に「%CurrentItem['単価']%」と入力します。

「書き込みモード」では「指定したセル上」が選択されているので、変更の必要はありません。

「列」には、「C」（もしくは「3」）と入力します。「行」には「19」と入力されているので、変更の必要はありません。

第5章　Excelの操作

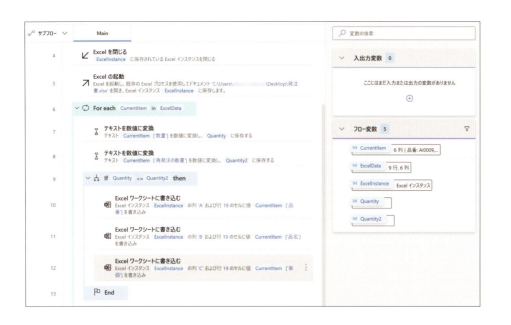

これで19行目に値を書き込むアクションができました。

「数量」が「再発注の数量」以下の品目が複数存在する場合、2品目は次の20行目に書き込む必要があります。3品目は21行目、4品目は22行目というように、書き込み対象となる行番号は1ずつ増えていきます。

先ほど、「数量」が「再発注の数量」以下の品目を19行目に書き込むようフローを作成しました。しかし実際は、行番号には毎回異なる数字が入ることになります。そのため、行番号を変数に置き換えます。

行番号を変数に置き換えたうえで、条件に合致する値があるごとに、行番号を1ずつ増やしていきます。

243

　行番号となる変数を設定します。「変数」アクショングループの「変数の設定」アクションをメインフローに追加します。このアクションは「For each」ブロックには含めず、「For each」アクションの上に配置します。

❶ アクションペインで「変数」をクリックします。

❷ 「変数の設定」アクションを「For each」アクションの上にドラッグして追加します。

　「設定」に変数「NewVar」が自動的に生成されます。ここでは、変数に保存される値が行番号であることを明確にするため、変数名を「%RowIndex%」に変更します。

❸ 「変数」の「NewVar」をクリックし、変数名を変更できるようにします。

❹ 「%RowIndex%」と入力します。

「値」で、変数に保存する値を設定します。ここには行番号の初期値を設定します。書き込む行は19行目から始まるため、「19」と入力します。

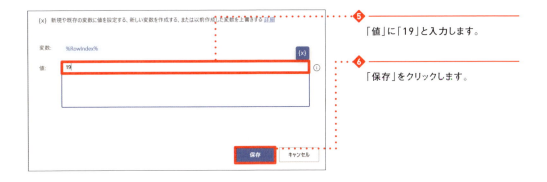

❺ 「値」に「19」と入力します。

❻ 「保存」をクリックします。

これで行番号を格納する変数「%RowIndex%」ができました。

次に、先ほど作成した「Excelワークシートに書き込む」アクションの「行」に設定した19という値を、「%RowIndex%」に置き換えます。まずは「品番」のアクションから設定します。

❶ いちばん上の「Excelワークシートに書き込む」アクションをダブルクリックします。

245

「行」に、先ほど作成した変数「%RowIndex%」を設定します。

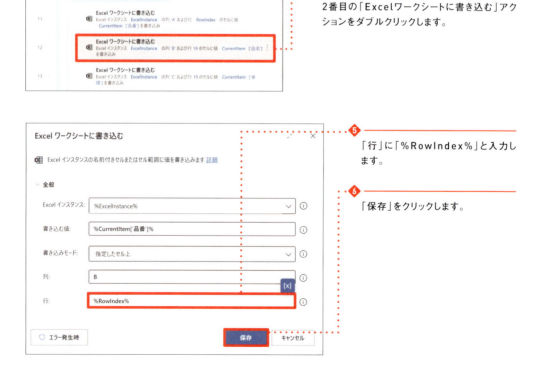

❷「行」に「%RowIndex%」と入力します。

❸「保存」をクリックします。

「品名」と「単価」についても、同じようにアクションの「行」の値を修正します。

❹ 2番目の「Excelワークシートに書き込む」アクションをダブルクリックします。

❺「行」に「%RowIndex%」と入力します。

❻「保存」をクリックします。

第 5 章　Ｅｘｃｅｌの操作

❼ 3番目の「Excelワークシートに書き込む」アクションをダブルクリックします。

❽ 「行」に「%RowIndex%」と入力します。

❾ 「保存」をクリックします。

これで以下のように「%RowIndex%」に置き換わります。

247

◆ 行番号を増加させる

　Excelに書き込むときの行番号をすべて変数に置き換えました。変数「%RowIndex%」には現在「19」が格納されています。そのため、条件に合致した値の1つ目は19行目に書き込まれます。
　条件に合致した2つ目の値を20行目に書き込むようにするには、行番号を1増加させる必要があります。そのために、「変数を大きくする」アクションを使用します。

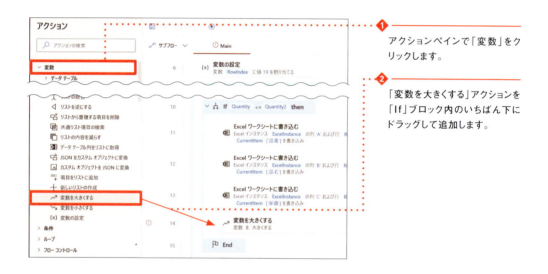

「変数名」で、大きくする変数を設定します。今回は、行番号を増加させるため、行番号を格納する変数「RowIndex」を選択します。

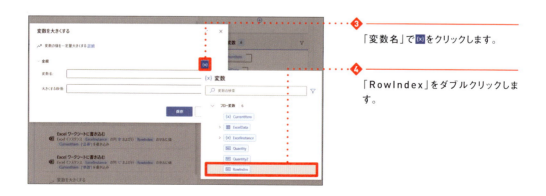

「大きくする数値」では、「変数名」で設定した値をいくつずつ増加させるかを指定します。今回は1行ずつ増やしていくので、「1」と入力します。

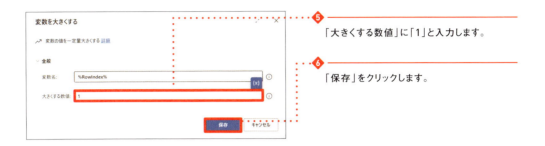

❺「大きくする数値」に「1」と入力します。
❻「保存」をクリックします。

ここまでのフローを保存したうえで実行し、どのようにExcelに値が書き込まれるか確認してみます。

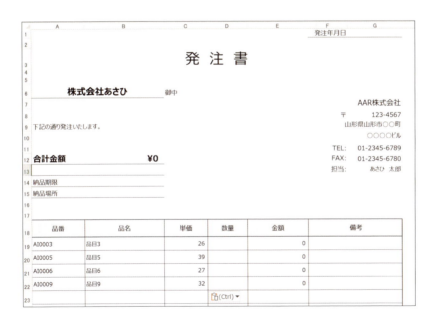

上のように、品目3、品目5、品目6、品目9の「品番」「品名」「単価」が19行目から22行目までに書き込まれていれば成功です。もし同じように値が書き込まれなかった場合には、「変数の設定」アクションから「For each」のブロックの終わりまでの各アクションの設定が正しいかを再度確認してください。

確認が終わったら、このExcelファイルは保存せずに閉じておきます。

249

5-5 Excelを保存して閉じる

　これまでに、「For each」ブロックの中に、条件に合致するデータテーブルの要素をExcelワークシートに書き込むまでの処理を追加しました。データテーブルのすべての項目分ループ処理を行った後は、ワークシートに書き込まれた内容を保存し、ファイルを閉じておきます。また、保存するときのファイル名には、発行日がわかるよう現在の日付を入れておきます。

◆　現在日時を取得する

　まずは、「日時」アクショングループから「現在の日時を取得」アクションを選択し、メインフローに追加します。保存はすべての書き込みが終わってから、1回のみ行います。そのため、このアクションは「For each」ブロックの外に配置します。

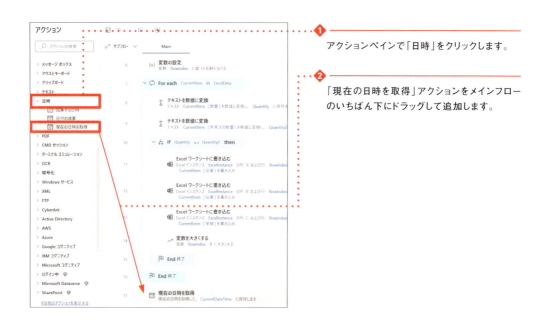

　「取得」では、「現在の日時」を取得するか、「現在の日付のみ」取得するかを選択できます。今回は「現在の日付のみ」を選択します。

❸「取得」で「現在の日付のみ」を選択します。

「タイムゾーン」では、「システムタイムゾーン」や「特定のタイムゾーン」などを選択することができます。ここでは「システムタイムゾーン」を選択します。

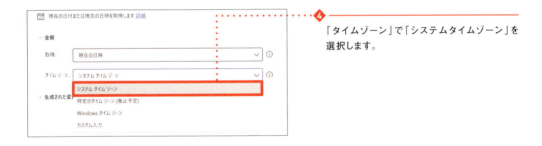

❹「タイムゾーン」で「システムタイムゾーン」を選択します。

「生成された変数」の「CurrentDateTime」は、取得した日時を表す変数です。この変数には「2021-4-1 12:00:00 AM」のように現在日時が格納されます。

❺「生成された変数」をクリックします。

❻ 変数を確認します。

❼「保存」をクリックします。

この値には「/」や「:」など、ファイル名に使用できない記号がいくつか含まれているため、このまま使用することはできません。**ファイル名に使用できるよう、この変数をファイル名に利用できるテキストに変換する必要があります。**

◆ Datetimeをテキストに変換する

変数「%CurrentDateTime%」をファイル名に使用できるよう、テキスト型に変換します。そのためには、「datetimeをテキストに変換」アクションを使用します。

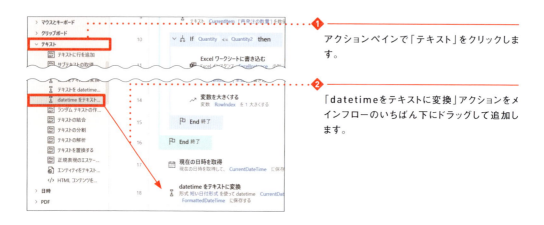

① アクションペインで「テキスト」をクリックします。

② 「datetimeをテキストに変換」アクションをメインフローのいちばん下にドラッグして追加します。

「変換するdatetime」に、テキストに変換するDatetime値を入力します。ここでは、「CurrentDateTime」を選択します。

③ 「変換するdatetime」で {x} をクリックします。

④ 「CurrentDateTime」をダブルクリックします。

「使用する形式」では「標準」を選択します。「標準」を選択すると次のページのカラムで記載の形式が選択できます。これ以外の形式に変換する場合は「カスタム」を選択します。今回は「標準形式」を選択します。

252

「使用する形式」で「標準」を選択します。

今回は「標準形式」で「長い日付形式」を選択します。「長い日付形式」とは「20XX年X月X日」のような表示形式のことです。

「標準形式」で「長い日付形式」を選択します。

「生成された変数」の変数「FormattedDateTime」に、テキストに変換されたDatetimeが格納されます。

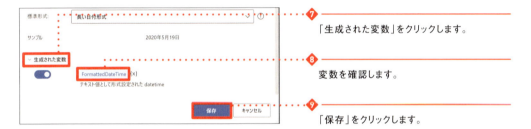

「生成された変数」をクリックします。

変数を確認します。

「保存」をクリックします。

COLUMN

「datetimeをテキストに変換」アクションの「使用する形式」では、下記の形式が使用できます。この例は、2021-4-1 12:00:00 AMに対するものです。

短い日付形式	2021/04/01
長い日付形式	2021年4月1日
短い時刻形式	12:00
長い時刻形式	12:00:00
完全なdatetime（短い時刻形式）	2021年4月1日 12:00
完全なdatetime（長い時刻形式）	2021年4月1日 12:00:00
一般的なdatetime（短い時刻形式）	2021/04/01 12:00
一般的なdatetime（長い時刻形式）	2021/04/01 12:00:00
並べ替え可能なdatetime	2021-04-01T12:00:00

◆ ファイル名に日付を入れて保存する

　ファイル名に付加する本日の日付が取得できました。これからファイルに「20XX年X月X日発注書」という名前を付けて保存します。最後にExcelを閉じるため「Excelを閉じる」アクションの中でファイルを保存します。

　「Excelインスタンス」で、操作するExcelインスタンスを指定します。ここでは、「%ExcelInstance%」を選択します。

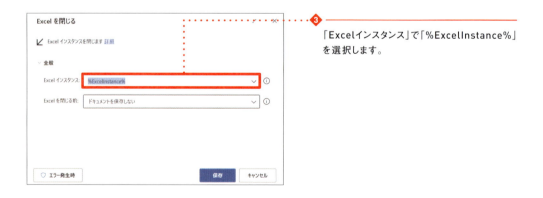

　「Excelを閉じる前」で、Excelを閉じる前に、ドキュメントを保存するかどうかを指定します。今回は「名前を付けてドキュメントを保存」を選択します。

④「Excelを閉じる前」で「名前を付けてドキュメントを保存」を選択します。

「ドキュメント形式」で、ドキュメントを保存する形式を指定します。現在のファイル形式（.xlsx）と同じであれば、「既定（拡張機能から）」を選択します。

⑤「ドキュメント形式」で「既定（拡張機能から）」を選択します。

「ドキュメントパス」に、保存するドキュメントのパスを入力します。ファイルはデスクトップ上に保存します。ファイル名は、前のアクションで文字列に変換した「%FormattedDateTime%」を使用して「20XX年X月X日発注書」とします。そのため、「C:\Users\ユーザー名\Desktop\%FormattedDateTime%発注書.xlsx」と入力します。

⑥「ドキュメントパス」に保存するドキュメントのパスを入力します。

以上でフローが完成しました。ここで一度、作成したフローを保存しておきます。

⑦ 🖫（保存）をクリックします。

255

フローを保存したら、フローを実行してみます。

❽（実行）をクリックします。

フロー実行後、デスクトップ上に「20XX年X月X日発注書.xlsx」というファイルが保存されていることを確認します。ファイルを開き、値が正しく入力されていればフローの完成です。

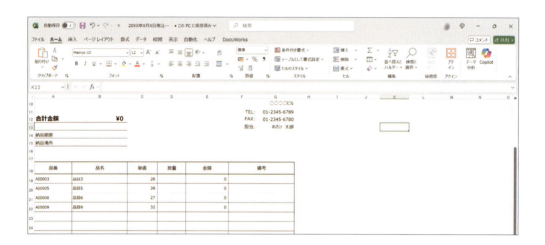

COLUMN

この章ではExcel間の転記を行いましたが、Excel操作はほかのアプリケーションの操作やWebの操作と組み合わせることで、さまざまな業務の自動化に応用できます。Excelから読み取ったデータを使用して、販売管理システムや会計システムなどへの入力作業を行ったり、顧客一覧の宛先に一斉メールを送信したりするといった、すぐにでも業務に活用できる事例が数多くあります。第7章の最後に、Web操作、Excel操作を組み合わせた課題を用意しているので、実際の業務での活用をイメージしながら取り組んでみてください。

第 **6** 章

よく使われる便利な操作

6-1 日付の操作

　この章では、実践フローで触れなかったよく使われる便利なアクションや、アクションの組み合わせを使用した操作について紹介します。まずは取得した日付の表示形式変更などを行う、日付の操作から解説します。

◆ 年月日や時刻を任意の形式で取得する

「現在の日時を取得」アクションで生成される日付型の変数「%CurrentDateTime%」を任意の形式で表示するには、「datetime をテキストに変換」アクションを使用します。パラメーターの設定で「使用する形式」を「カスタム」にすると、年月日や時刻、曜日を、テキスト形式で取得することができます。

「datetime をテキストに変換」アクションを追加します。「変換する datetime」では、「現在の日時を取得」アクションで生成した変数「%CurrentDateTime%」を選択し、「使用する形式」では、「カスタム」を選択します。

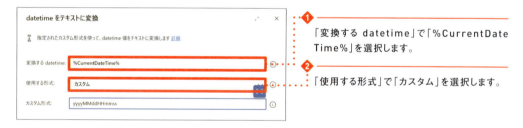

「カスタム形式」で任意の値を取得できます（下表参照）。

yyyy	年の値が取得できます。例：2021
MM	月の値が取得できます。例：06
dd	日の値が取得できます。例：20
hh	12時制の時刻の値が取得できます。例：11
HH	24時制の時刻の値が取得できます。例：23
mm	分の値が取得できます。例：30
ss	秒の値が取得できます。例：45
dddd	曜日の値が取得できます。例：月曜日

第 6 章　よく使われる便利な操作

　ここでは、「カスタム形式」に「yyyyMMddhhmmss」と入力します。生成される変数「%FormattedDateTime%」を「メッセージを表示」アクションで指定すると、年月日と時分秒の値が取得できます。

③「カスタム形式」に「yyyyMMddhhmmss」と入力します。

④「保存」をクリックします。

⑤「メッセージを表示」アクションを追加して変数「%FormattedDateTime%」を指定し、フローを実行します。

⑥ 年月日と時分秒の値が表示されます。

◆ 月初や月末の日付を取得する

　任意の日付はある日から何日後、何日前のように計算して求められます。取得した現在日時に対し、「加算する日時」アクションを使用すれば、月初や月末の日付を取得できます。

「日時」では、加算／減算の対象となる日時を格納した変数を選択します。

「加算」には、加算／減算する日数を入力します。日付を減算する場合は、「-1」のように入力します。

「時間単位」では、加算・減算する単位を選択します。「秒」「分」「時間」「日」「月」「年」から選択できます。

259

当月月初の値の取得

「datetime をテキストに変換」アクションを「カスタム形式」で使用し、「yyyy/MM/01」と設定することでも当月月初の値を取得できます。

応用として、以下のような方法もあります。

「加算する日時」アクションの「日時」を「現在の日時を取得」アクションで生成した変数「%CurrentDateTime%」とします。「%CurrentDateTime%」の選択時にプロパティを選択できるので、「.Day」を選択すると現在日を取得できます。この現在日を使用し、「加算」に「%(CurrentDateTime.Day -1) * -1%」と入力します。

たとえば、実行日が7月16日の場合、CurrentDateTime.Day -1 = 16 -1 = 15 となります。さらに-1をかけることで減算となるため（-15）、当月月初（1日）の値が取得できます（実行日の16日から15を引いて1日）。以下は、当月月初の値を取得するフローです。

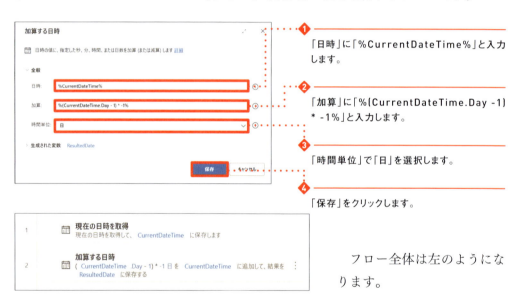

フロー全体は左のようになります。

当月月末の値の取得

先ほど求めた当月月初の値に、1カ月を加算することで翌月月初の値を、翌月月初の値から1日引くことで当月月末の値を取得できます。

6-2 ファイルやフォルダーの操作

　特定のフォルダーに格納したファイルやサブフォルダーに対して処理を行う場合、格納先のパスなどの情報を取得する必要があります。「フォルダー内のファイルを取得」アクション、「フォルダー内のサブフォルダーを取得」アクションを使用することで、ファイルやサブフォルダーの一覧を取得できます。

◆ 特別なフォルダーを取得する

　「特別なフォルダーを取得」アクションは、「デスクトップ」や「プログラム」といったWindowsの特別なフォルダーのパスを取得できます。「デスクトップ」や「プログラム」などのフォルダーのパスは、「C:\Users\ユーザー名\Desktop」のようにパソコンにログインしているユーザー名が含まれているため、**ほかのユーザーにフローを共有してそのまま実行すると、パスのユーザー名が異なりエラーとなってしまいます**。そのため、共有したフローはパスの情報を変更する必要がありますが、「特別なフォルダーを取得」アクションを使用することで適切なパスの情報を取得できるため、フローを共有した際にそのまま使用できるようになります。

　「特別なフォルダーの名前」では、パスを取得するフォルダーを、「お気に入り」「スタートメニュー」「デスクトップ」などから選択できます。「特別なフォルダーのパス」には、選択したフォルダーのパスが表示されます。

◆ フォルダー内のファイル一覧を取得する

　「フォルダー内のファイルを取得」アクションを使用することで、フォルダー内のファイル一覧を取得できます。

ここでは例として、左のフォルダー内のファイルを取得してみます。

「フォルダー」では、対象となるフォルダーの絶対パスか、絶対パスが格納された変数を設定します。

「ファイル フィルター」では、取得するファイルの条件を設定できます。また、ワイルドカードを使用することで、ファイル名に特定の文字列、拡張子が含まれるファイルのみを取得することができます。ここでは.xlsxの拡張子を持つすべてのファイルを対象とするため、「*.xlsx」と入力しています。

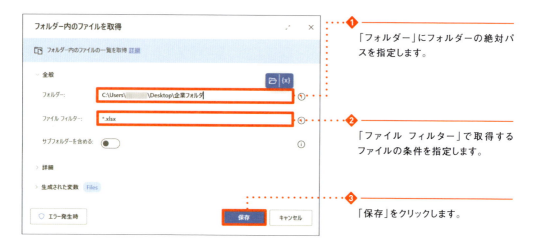

❶ 「フォルダー」にフォルダーの絶対パスを指定します。

❷ 「ファイル フィルター」で取得するファイルの条件を指定します。

❸ 「保存」をクリックします。

アクションを追加したら実行し、アクションで生成された変数「%Files%」にファイルの情報が格納されているか確認します。

❹ 変数ペインの「フロー変数」で「Files」をダブルクリックします。

❺ ファイルの情報が取得されていることを確認します。

COLUMN

ファイル名に「あさひ」という文字列や「.xlsx」や「.pdf」といった拡張子を含むファイルのみを対象にしたい場合、「ワイルドカード」を活用することで容易に取得が可能です。ワイルドカードとは、任意の文字列を示す特殊文字で、その部分に何かしらの文字列が入る、ということを表します。ワイルドカードには「?」と「*」の2種類があり、「?」は任意の1文字を、「*」は任意の1文字以上の文字列を示します。ファイルフィルターにワイルドカードを使用した際の、各取得対象は以下になります。なお、「ファイル フィルター」に「*」のみを入力すると、すべてのファイルを対象にできます。

■ファイルフィルターに「10000_株式会社ASAHI SIGNAL.xlsx」と入力した場合

10000_株式会社ASAHI SIGNAL.xlsx　　→取得対象
20000_あさひ建設株式会社.xlsx　　　→取得対象外
30000_株式会社あさひ MATTER.pdf　　→取得対象外

■ファイルフィルターに「*.xlsx」と入力した場合

10000_株式会社ASAHI SIGNAL.xlsx　　→取得対象
20000_あさひ建設株式会社.xlsx　　　→取得対象
30000_株式会社あさひ MATTER.pdf　　→取得対象外

■ファイルフィルターに「*あさひ*」と入力した場合

10000_株式会社ASAHI SIGNAL.xlsx　　→取得対象外
20000_あさひ建設株式会社.xlsx　　　→取得対象
30000_株式会社あさひ MATTER.pdf　　→取得対象

■ファイルフィルターに「1000?_*.xlsx」と入力した場合

10000_株式会社ASAHI SIGNAL.xlsx　　→取得対象
10001_あさひ建設株式会社.xlsx　　　→取得対象
10010_株式会社あさひ MATTER.xlsx　　→取得対象外

6-3 都道府県や部署による分岐

　都道府県や会社の部署のように判断の対象が1つで複数の分岐がある場合、「Switch」アクション、「Case」アクションを使用した処理が便利です。

　条件分岐の「If」アクションと、「Switch」/「Case」アクションの違いは以下のとおりです。条件分岐ごとに比較対象を変えたい場合は、「If」アクションを、比較対象が1つで分岐条件が複数ある場合は、「Switch」/「Case」アクションを使用するとよいでしょう。

「If」アクションの場合

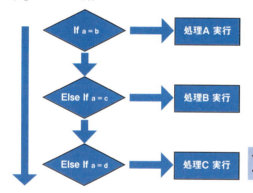

・「If」アクションごとに比較対象と演算子を設定する。
・各「If」アクションで異なる条件を設定することができる。

「Switch」/「Case」アクションの場合

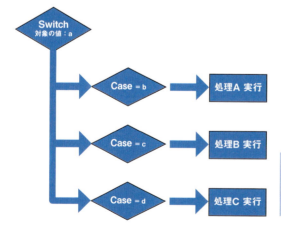

・「Switch」アクションで対象の値を設定し「Case」アクションで比較条件を設定する。
・片方の値が決まっているため、条件分岐が多い場合は確認しやすい。

6-4 待機処理

　フローの中で、特定の条件を満たすまで処理を一時停止させることができます。これを「待機処理」と呼びます。Power Automate for desktopの実行スピードは人間より速く、パソコンや操作対象となるアプリケーションがついてこれなくなってしまい、エラーとなるケースがあります。このような場合は待機処理を使い、Power Automate for desktopの実行スピードを調整します。
　待機処理には複数のアクションが用意されており、具体的な活用シーンとともに紹介します。

◆「Webページのコンテンツを待機」アクション

「ブラウザー自動化」アクショングループの「Webページのコンテンツを待機」アクションは、Webページに指定の要素やテキストが存在するかを条件にフローの実行を待機させるアクションです。具体的な活用シーンとしては、Webページ上の「処理開始」をクリックすると「処理中です…」というポップアップが表示され、処理が終わるまで操作できなくなる場合です。

「Webページのコンテンツを待機」アクションを使い、処理中の表示が出ている間はフローの実行を待機できるようにします。「Webページのコンテンツを待機」アクションを配置し、「Webページの状態を待機する」は「次の要素を含まない」を選択、「UI要素」にはデータ抽出中に表示される「処理中」を登録します。

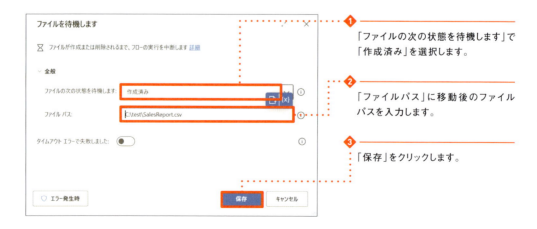

① 「Webページの状態を待機する」で「次の要素を含まない」を選択します。

② 「UI要素」にデータ抽出中に表示される「処理中」を設定します。

③ 「保存」をクリックします。

デスクトップアプリケーションで類似の待機処理を行いたい場合は、「UI オートメーション」アクショングループの「ウィンドウ コンテンツを待機」アクションでできます。

◆ 「ファイルを待機します」アクション

「ファイル」アクショングループの「ファイルを待機します」アクションは、指定したファイルが作成、または削除されるまでフローの実行を待機させることができます。具体的な活用シーンとしては、指定したフォルダーへ特定のファイルを移動させたうえで、そのあとに続く処理を実行する場合に利用できます。

「ファイルを待機します」アクションの「ファイルの次の状態を待機します」で「作成済み」を選択し、「ファイルパス」に移動後のファイルパスを入力します。

① 「ファイルの次の状態を待機します」で「作成済み」を選択します。

② 「ファイルパス」に移動後のファイルパスを入力します。

③ 「保存」をクリックします。

◆ 「ウィンドウ コンテンツを待機」アクション

「UI オートメーション」アクショングループの「ウィンドウ コンテンツを待機」アクションは、特定のUI要素やテキストが表示されたり消えたりするまで待機することができます。具体的な活用シーンとしては、ウィンドウが表示されるまでに時間がかかる場合や、ダウンロード前後で表示が変化するUI要素がページ上にある場合に有効です。

たとえばWebページをPDF印刷する際の「名前を付けて保存」ウィンドウは、Webページによってウィンドウが表示されるまでの時間に差があるため、「ウィンドウ コンテンツを待機」アクションを使用してしっかりと待ってから、次のアクションに移るほうがフローの処理は安定します。

設定の方法は、「ウィンドウが次の状態になるまで待機」でUI要素もしくはテキストを含むのか含まないのかを選択、「UI 要素を含む」では、「UI 要素の状態を確認する」をチェックすることで、UI要素が有効かどうかを指定することができます。また「テキストを含む」「テキストが含まれていません」の場合は、特定のウィンドウに指定したテキストが表示されるか、されなくなるまでフローを待機します。

❶ 「ウィンドウが次の状態になるまで待機」で「UI 要素を含む」または「テキストを含む」または「テキストが含まれていません」のいずれかを選択します。

❷ 「保存」をクリックします。

◆「待機」アクション

「フローコントロール」アクショングループの「待機」アクションは、指定した秒数だけフローの実行を待機させることができます。「期間」に待機させる秒数を半角数字で入力します。

たとえば「3」と入力すると、3秒間フローの実行を待機させることができます。具体的な活用シーンとして、Webページからファイルをダウンロードする処理があげられます。ファイルのダウンロードには数秒かかる場合が多く、ダウンロード操作後に即ファイルを開こうとするとエラーとなってしまいます。そのような場合は「待機」アクションを使い、指定の秒数を待機したあと、ファイルを開く操作を行うようにします。

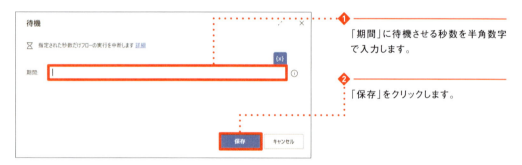

❶「期間」に待機させる秒数を半角数字で入力します。

❷「保存」をクリックします。

6-5 条件分岐で論理式を使用する

「If」アクションでデータの検証を行う際に、複数の条件を設定し、すべての条件に合致したときのみアクションを実行したいケースがあります。たとえば、「年齢が18歳以上で区分が正会員の場合」のみ処理を行うとします。その場合、下図のように「If」アクションを入れ子にすることで処理が可能です。

しかし、この方法では条件が多いほどアクションが増え、複雑なフローとなってしまいます。Power Automate for desktopでは、このような場合により効率的な方法として論理式を使用することが可能です。

◆ AND条件（AかつB）

上の「年齢が18歳以上で区分が正会員の場合」という条件を、論理式を使って設定します。ここではAND演算子を使うことで、複数の条件を同時にチェックすることが

できます。「If」アクションを追加し、設定を行います。「最初のオペランド」には、AND演算子を使い、「年齢」が「18歳以上」かつ「区分」が「正会員」であるかをチェックするための式を入力します。式の中に文字列を設定するときは「'正会員'」のようにシングルクォーテーションで囲みます。AND演算子はすべての条件式に当てはまる場合、ブール値の「TRUE」を返します。ブール値はTRUEとFALSEで構成され、真偽を表します。「条件に合致する ＝ TRUE(トゥルー)」「条件に合致しない ＝ FALSE(フォルス)」となります。

① 「If」アクションを追加します。

② 「最初のオペランド」に「%年齢 >= 18 AND 区分 = '正会員'%」と入力します。

③ 条件に合致した場合に処理を行うため、「2番目のオペランド」に「TRUE」と入力します。

④ 「保存」をクリックします。

◆ OR条件（AもしくはB）

「AまたはB」といった条件を設定する場合には、OR演算子を使用します。「年齢が18歳以上で、区分が正会員または準会員の場合」という条件分岐を、論理式を使って設定します。

「If」アクションを追加し、設定を行います。この式では、「年齢 >= 18」という条件式に合致し、かつ、「区分 = '正会員'」もしくは「区分='準会員'」の条件式に当てはまる場合に「TRUE」を返します。

第6章　よく使われる便利な操作

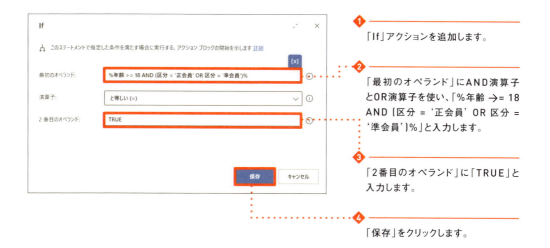

❶「If」アクションを追加します。

❷「最初のオペランド」にAND演算子とOR演算子を使い、「%年齢 →= 18 AND (区分 = '正会員' OR 区分 = '準会員')%」と入力します。

❸「2番目のオペランド」に「TRUE」と入力します。

❹「保存」をクリックします。

　変数「区分」の値を「正会員」に設定した「変数の設定」アクションをコピーし、変数「区分」の値を「準会員」に変更します。

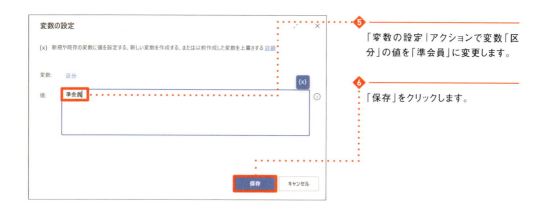

❺「変数の設定」アクションで変数「区分」の値を「準会員」に変更します。

❻「保存」をクリックします。

　このように、AND演算子やOR演算子を使用することでいろいろな条件に対応することが可能です。

6-6 Excelワークシート内で値を検索・置換する

　Excelワークシート内で特定の値を検索する場合、Excelワークシートから読み取ったデータをもとに繰り返し処理を行い、条件分岐でデータを絞り込む方法があります。しかし、このやり方ではすべての行をチェックする必要があるため、行数が多いと処理に時間がかかってしまいます。

　「Excel ワークシート内のセルを検索して置換する」アクションを使用することで、条件に合致するセルの位置をアクション1つで検索することができます。

◆ Excelワークシート内で一致する値を検索する

　例として、以下のような2つのExcelファイルを準備します。

「価格表.xlsx」　　　「注文書.xlsx」

　「価格表.xlsx」と「注文書.xlsx」のコードが一致した場合、「価格表.xlsx」の「価格」を「注文書.xlsx」の「単価」に転記するフローを作成します。

　はじめに「価格表.xlsx」からデータを読み取ります。

❶「Excel の起動」アクションを追加します。
❷「Excel の起動」で「次のドキュメントを開く」を選択します。
❸「ドキュメント パス」に「価格表.xlsx」のパスを指定します。
❹変数名を「ExcelInstance_価格表」に変更します。
❺「保存」をクリックします。

第6章　よく使われる便利な操作

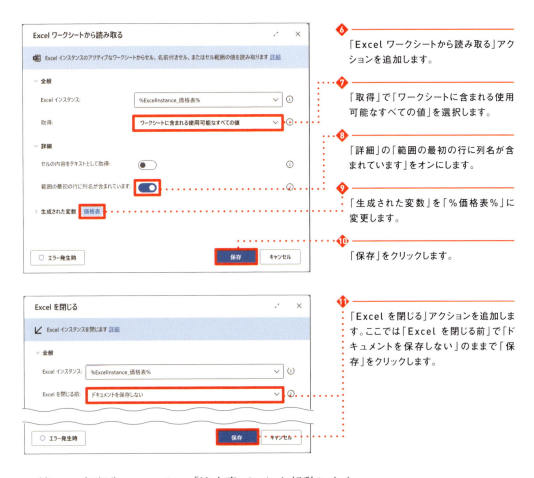

❻ 「Excel ワークシートから読み取る」アクションを追加します。

❼ 「取得」で「ワークシートに含まれる使用可能なすべての値」を選択します。

❽ 「詳細」の「範囲の最初の行に列名が含まれています」をオンにします。

❾ 「生成された変数」を「%価格表%」に変更します。

❿ 「保存」をクリックします。

⓫ 「Excel を閉じる」アクションを追加します。ここでは「Excel を閉じる前」で「ドキュメントを保存しない」のままで「保存」をクリックします。

続いて、転記先のファイル「注文書.xlsx」を起動します。

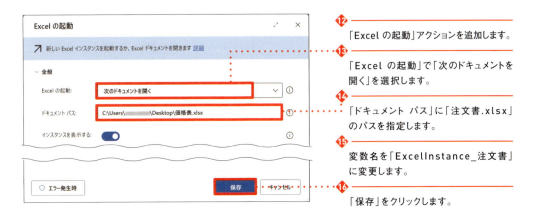

⓬ 「Excel の起動」アクションを追加します。

⓭ 「Excel の起動」で「次のドキュメントを開く」を選択します。

⓮ 「ドキュメント パス」に「注文書.xlsx」のパスを指定します。

⓯ 変数名を「ExcelInstance_注文書」に変更します。

⓰ 「保存」をクリックします。

「For each」アクションで「%価格表%」をもとに繰り返し処理を行います。

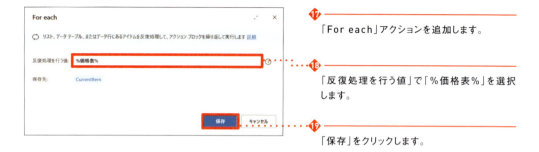

⑰「For each」アクションを追加します。

⑱「反復処理を行う値」で「%価格表%」を選択します。

⑲「保存」をクリックします。

　「For each」アクションのブロック内に、「Excelワークシート内のセルを検索して置換する」アクションを追加します。

　この画面の「検索モード」では、「検索」のみを行うか「検索して置換」を行うか選択することができます。また、「すべての一致」をオンにすると、Excelワークシート内に同じ値が複数ある場合はすべての値を検索することができますが、今回検索する「コード」は「価格表.xlsx」内に1つしか存在しないため、オフにしておきます。「セルの内容が完全に一致する」をオフにすると、部分一致で検索が可能です。そのため、コードの場合「101」と「1010」のように、検索した値を含む別のコードを取得してしまう可能性があるため、ここではオンにしておきます。なお、「生成された変数」の「FoundColumnIndex」には「価格表.xlsx」内で一致した値の列番号、「FoundRowIndex」には行番号がそれぞれ格納されます。

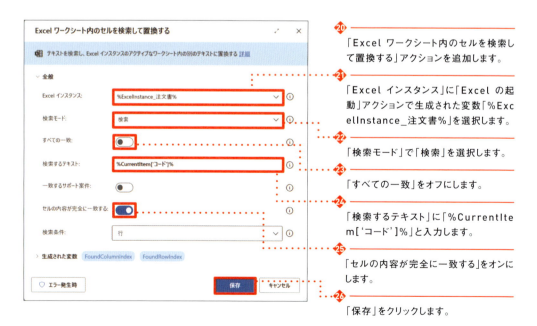

⑳「Excelワークシート内のセルを検索して置換する」アクションを追加します。

㉑「Excelインスタンス」に「Excelの起動」アクションで生成された変数「%ExcelInstance_注文書%」を選択します。

㉒「検索モード」で「検索」を選択します。

㉓「すべての一致」をオフにします。

㉔「検索するテキスト」に「%CurrentItem['コード']%」と入力します。

㉕「セルの内容が完全に一致する」をオンにします。

㉖「保存」をクリックします。

274

第6章　よく使われる便利な操作

　同じく「For each」アクションのブロック内に、「Excel ワークシートに書き込む」アクションを追加します。

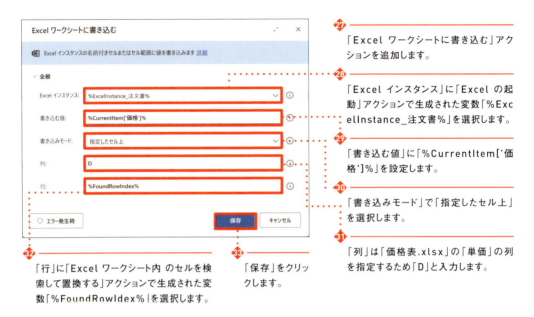

㉗「Excel ワークシートに書き込む」アクションを追加します。

㉘「Excel インスタンス」に「Excel の起動」アクションで生成された変数「%ExcelInstance_注文書%」を選択します。

㉙「書き込む値」に「%CurrentItem['価格']%」を設定します。

㉚「書き込みモード」で「指定したセル上」を選択します。

㉛「列」は「価格表.xlsx」の「単価」の列を指定するため「D」と入力します。

㉜「行」に「Excel ワークシート内 のセルを検索して置換する」アクションで生成された変数「%FoundRowIndex%」を選択します。

㉝「保存」をクリックします。

　最後にExcelファイルを保存して閉じておきます。「Excel を閉じる」アクションを「End」アクションの次に追加します。

㉞「Excel を閉じる」アクションを追加します。

㉟「Excel インスタンス」に「Excel の起動」アクションで生成された変数「%ExcelInstance_注文書%」を選択します。

㊱「Excel を閉じる前」で「ドキュメントを保存」を選択します。

㊲「保存」をクリックします。

㊳▷(実行)をクリックしてフローを実行します。

275

⑨「注文書.xlsx」の「単価」列に値が書き込まれていることを確認します。

フローの全体は図の通りです。

6-7 データテーブルの操作

　Excelワークシートから値を読み取ったり、Webページからデータを抽出した際、データをデータテーブル型の変数として扱うことができます。「データ テーブル」のアクションを活用することで、フロー内で新たにデータテーブル型変数を作成したり、読み取ったデータを変更したりすることが可能です。これらのアクションは、「変数」アクショングループ内の「データ テーブル」のグループにあります。データテーブルを活用することで、構造化されたデータを効率的に管理できるだけでなく、大量データの処理スピードも向上します。また、これにより開発の効率化にもつながるため、操作方法をぜひ習得しましょう。

◆ 新しいデータテーブルを作成する

　「新しいデータ テーブルを作成する」アクションを使用することで、任意の行・列数のデータテーブル型変数を作成することができます。

❶「新しいデータ テーブルを作成する」アクションを追加します。

❷「編集」をクリックします。

❸ データテーブルの編集画面が表示されます。行や列を追加する場合は ⊕ をクリックします。

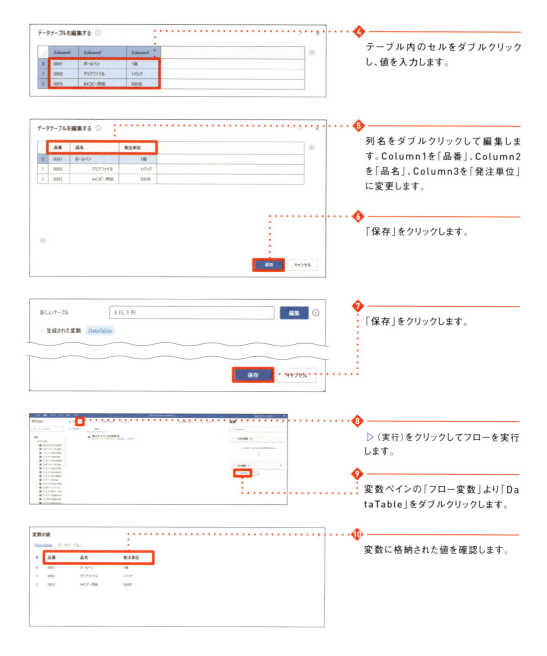

❹ テーブル内のセルをダブルクリックし、値を入力します。

❺ 列名をダブルクリックして編集します。Column1を「品番」、Column2を「品名」、Column3を「発注単位」に変更します。

❻ 「保存」をクリックします。

❼ 「保存」をクリックします。

❽ ▷（実行）をクリックしてフローを実行します。

❾ 変数ペインの「フロー変数」より「DataTable」をダブルクリックします。

❿ 変数に格納された値を確認します。

◆ データテーブルの項目を更新する

「データ テーブル項目を更新する」アクションを使って、既存のデータテーブルの項目を更新することができます。

第6章　よく使われる便利な操作

　先ほど作成したデータテーブルの「品名」の3行目を「A4コピー用紙」から「B5コピー用紙」に変更します。

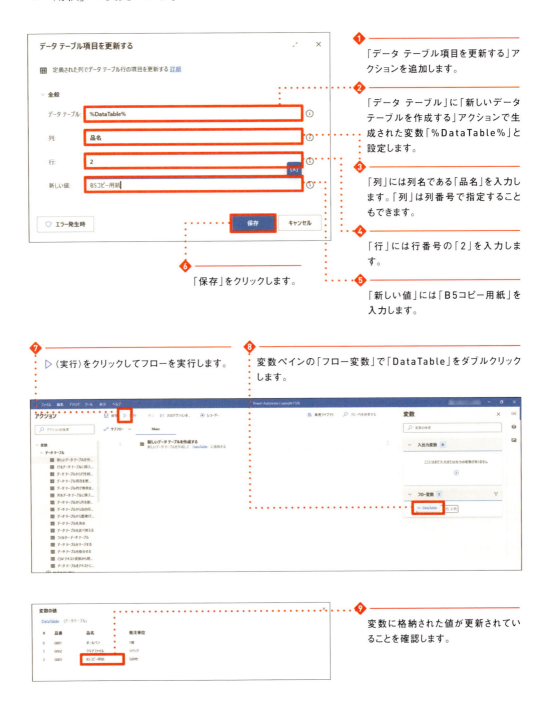

❶「データ テーブル項目を更新する」アクションを追加します。

❷「データ テーブル」に「新しいデータテーブルを作成する」アクションで生成された変数「%DataTable%」と設定します。

❸「列」には列名である「品名」を入力します。「列」は列番号で指定することもできます。

❹「行」には行番号の「2」を入力します。

❺「新しい値」には「B5コピー用紙」を入力します。

❻「保存」をクリックします。

❼ ▷（実行）をクリックしてフローを実行します。

❽ 変数ペインの「フロー変数」で「DataTable」をダブルクリックします。

❾ 変数に格納された値が更新されていることを確認します。

279

◆ 新しい行をデータテーブルに挿入する

「行をデータ テーブルに挿入する」アクションを使って、既存のデータテーブルに新たに行を追加することが可能です。追加する行には、データテーブルと同じ列数のデータ行変数、もしくはリストを設定することができます。
　ここではリストの値をデータテーブルに追加する方法を紹介します。
「新しいリストの作成」アクションを使って、事前に追加する値を作成します。このアクションにはパラメーターを設定する必要はありません。

① 「新しいリストの作成」アクションを追加します。
② 「保存」をクリックします。

　次に、「項目をリストに追加」アクションを使って、データテーブルの列に設定する値をリストに追加します。データテーブルには「品番」「品名」「発注単位」の3列が存在するため、「項目をリストに追加」アクションを3つ追加します。

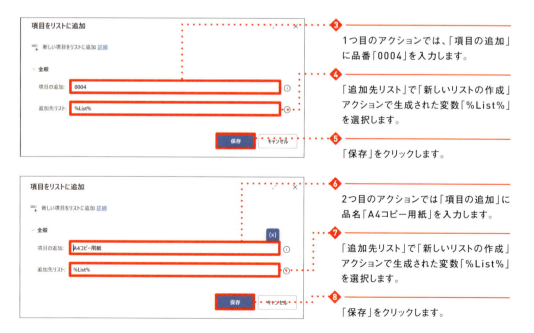

③ 1つ目のアクションでは、「項目の追加」に品番「0004」を入力します。
④ 「追加先リスト」で「新しいリストの作成」アクションで生成された変数「%List%」を選択します。
⑤ 「保存」をクリックします。
⑥ 2つ目のアクションでは「項目の追加」に品名「A4コピー用紙」を入力します。
⑦ 「追加先リスト」で「新しいリストの作成」アクションで生成された変数「%List%」を選択します。
⑧ 「保存」をクリックします。

第6章 よく使われる便利な操作

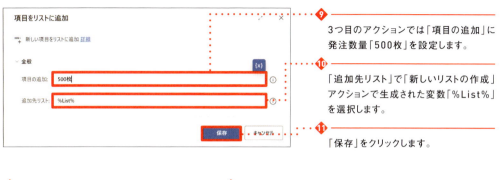

❾ 3つ目のアクションでは「項目の追加」に発注数量「500枚」を設定します。

❿ 「追加先リスト」で「新しいリストの作成」アクションで生成された変数「%List%」を選択します。

⓫ 「保存」をクリックします。

⓬ ▷（実行）をクリックしてフローを実行します。

⓭ 変数ペインの「フロー変数」で「List」をダブルクリックします。

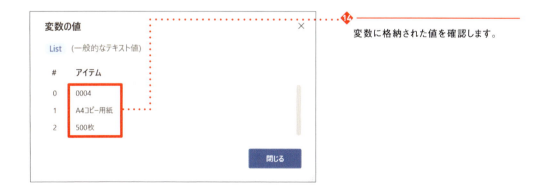

⓮ 変数に格納された値を確認します。

281

次に「行をデータ テーブルに挿入する」アクションを追加します。

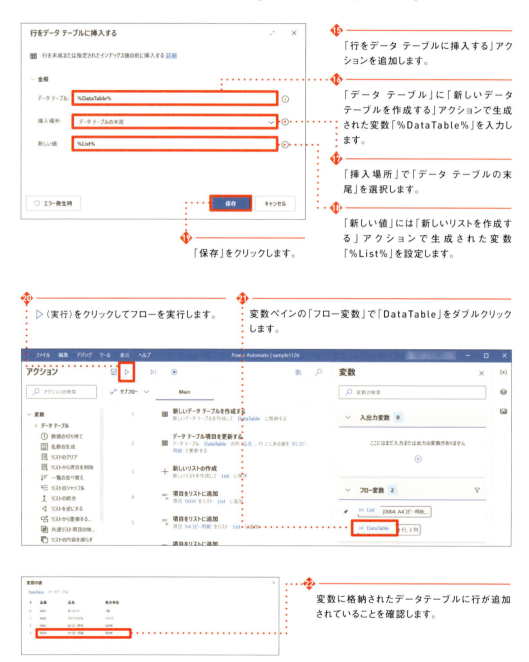

⑮ 「行をデータ テーブルに挿入する」アクションを追加します。

⑯ 「データ テーブル」に「新しいデータ テーブルを作成する」アクションで生成された変数「%DataTable%」を入力します。

⑰ 「挿入場所」で「データ テーブルの末尾」を選択します。

⑱ 「新しい値」には「新しいリストを作成する」アクションで生成された変数「%List%」を設定します。

⑲ 「保存」をクリックします。

⑳ ▷（実行）をクリックしてフローを実行します。

㉑ 変数ペインの「フロー変数」で「DataTable」をダブルクリックします。

㉒ 変数に格納されたデータテーブルに行が追加されていることを確認します。

◆ データテーブル内の行を削除する

「データ テーブルから行を削除する」アクションを使って、既存のデータテーブル内の行を削除することが可能です。データテーブルの2行目のデータ（品番：0002、品名：クリアファイル、発注単位：1パック）を削除してみましょう。

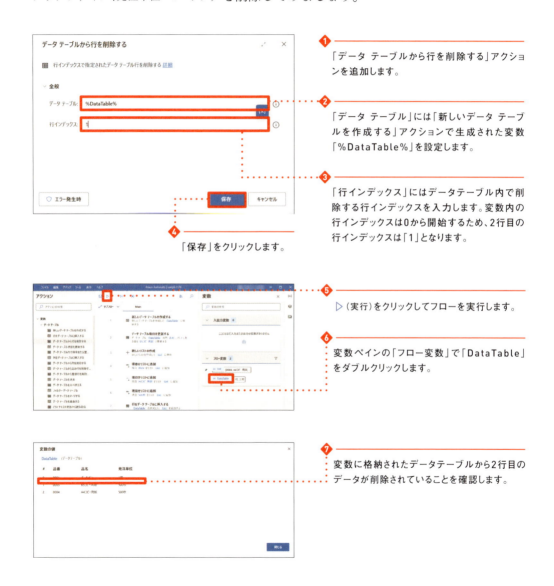

1. 「データ テーブルから行を削除する」アクションを追加します。
2. 「データ テーブル」には「新しいデータ テーブルを作成する」アクションで生成された変数「%DataTable%」を設定します。
3. 「行インデックス」にはデータテーブル内で削除する行インデックスを入力します。変数内の行インデックスは0から開始するため、2行目の行インデックスは「1」となります。
4. 「保存」をクリックします。
5. ▷（実行）をクリックしてフローを実行します。
6. 変数ペインの「フロー変数」で「DataTable」をダブルクリックします。
7. 変数に格納されたデータテーブルから2行目のデータが削除されていることを確認します。

◆ **データテーブル内で指定したテキストを検索する**

「データ テーブル内で検索または置換する」アクションを使って、データテーブル内の値を検索したり置換したりすることができます。データテーブル内で「0004」という品番を検索し、品名と発注単位をメッセージボックスに表示させてみましょう。

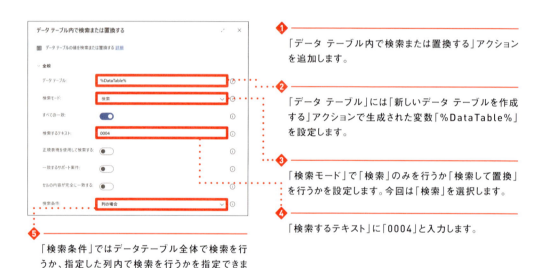

❶「データ テーブル内で検索または置換する」アクションを追加します。

❷「データ テーブル」には「新しいデータ テーブルを作成する」アクションで生成された変数「%DataTable%」を設定します。

❸「検索モード」で「検索」のみを行うか「検索して置換」を行うかを設定します。今回は「検索」を選択します。

❹「検索するテキスト」に「0004」と入力します。

❺「検索条件」ではデータテーブル全体で検索を行うか、指定した列内で検索を行うかを指定できます。ここでは「列の場合」を選択します。

❻「列のインデックスまたは名前」では、検索対象となる列名もしくはインデックスを設定します。ここでは「品番」と入力します。

❼「生成された変数」の「DataTableMatches」には、一致したデータの列番号と行番号が格納されます。

❽「保存」をクリックします。

第6章 よく使われる便利な操作

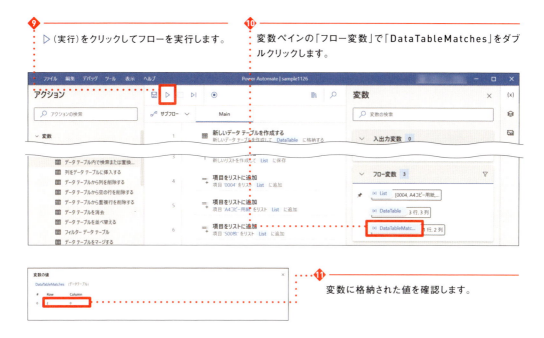

❾ ▷（実行）をクリックしてフローを実行します。

❿ 変数ペインの「フロー変数」で「DataTableMatches」をダブルクリックします。

⓫ 変数に格納された値を確認します。

「Row」の列には一致したデータの行番号、「Column」の列には列番号が格納されます。

この値を使用して、同じ行にある「品名」と「発注単位」をメッセージボックスに表示させます。

データテーブル内で検索または置換アクションによって取得したデータテーブル型の変数の値は、結果がテキスト型で保持されています。そのため、あらかじめテキスト型から数値型に変換しておく必要があります。

⓬ 「テキストを数値に変換」アクションを追加します。

⓭ 「変換するテキスト」に「%DataTableMatches[0]['Row']%」を設定します。

⓮ 「生成された変数」の「%TextAsNumber%」には数値に変換した後の値が格納されます。ここでは行番号「2」が格納されるため、中身が分かりやすいように変数名を「%RowIndex%」に変更しましょう。

⓯ 「保存」をクリックします。

285

⑯「メッセージを表示」アクションを追加します。

⑰「メッセージ ボックスのタイトル」に「備品情報」と入力します。

⑱「表示するメッセージ」には以下の値を入力します。

品目:%DataTable[RowIndex]['品名']%
発注単位:%DataTable[RowIndex]['発注単位']%

⑲「保存」をクリックします。

⑳ ▷（実行）をクリックしてフローを実行します。

㉑ ウィンドウに「品目」の「A4コピー用紙」、「発注単位」の「500枚」が表示されることを確認します。

◆ データテーブル内のデータを並び替える

「データ テーブルを並べ替える」アクションを使って、データテーブル内の値を並べ替えることができます。データテーブル内の品番列を降順で並べ替えてみましょう。

第6章 よく使われる便利な操作

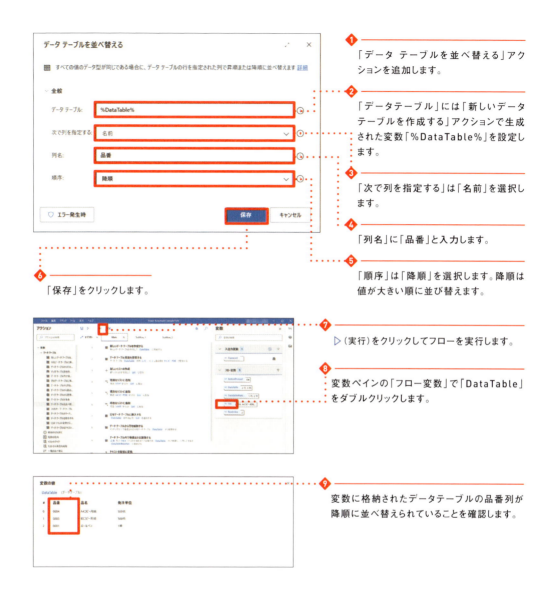

◆ データテーブル内のデータにフィルター処理をする

「フィルター データ テーブル」アクションを使って、データテーブルの行にフィルター処理ができます。データテーブル内の行を「B5コピー用紙」でフィルター処理してみましょう。

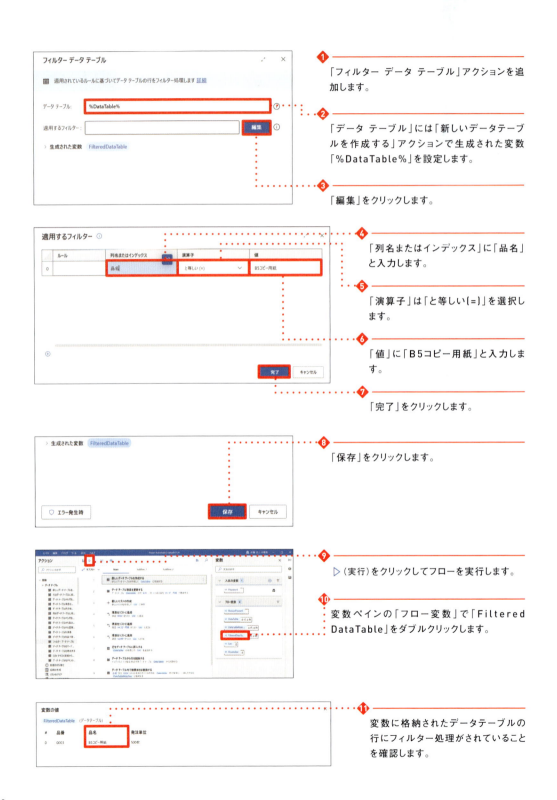

第 **7** 章

応用操作

7-1 UI要素の編集

　UI要素は、セレクターと呼ばれるWebページやアプリケーション上の位置を特定する住所のようなもので構成されています。UI要素は、Webページで取得したWebコントロールと、Webページ以外から取得されたUIコントロールの2つが存在します。いずれの場合も構成するセレクターの考え方は同じです。

　ここではUI要素を構成しているセレクターの編集方法を解説します。編集したUI要素はアクションに設定できます。これによってアプリケーションの起動ごとにウィンドウのタイトルが変わる場合や、Webページのリンクを上から順番にクリックする場合など、動的に変化する操作に対応できます。

◆　セレクターのビジュアルエディターとテキストエディター

　UI要素のセレクターは、セレクタービルダーで確認および編集ができます。フローデザイナー右側にある■をクリックして「UI要素ペイン」に切り替え、確認したいUI要素のセレクターを右クリックして「編集」を選択（もしくはダブルクリック）して、セレクターごとの画面で「編集」を選択します。

❹ セレクタービルダーが表示されます。ビジュアルエディターの状態で、クリックなどで視覚的にセレクターを編集できます。

表示されたセレクタービルダーはビジュアルエディターです。UI要素を特定するための条件であるセレクターを、視覚的に変更できます。また、値を比較する演算子や値を変更できます。

右上のボタンをオンにすると、テキストエディターに切り替わります。

❶ 右上のボタンをオンにします。

❷ テキストエディターに切り替わります。右上の「テキストエディター」のボタンが青色に変わります。再度クリックするともとに戻ります。

テキストエディターはセレクターをテキストベースで修正できます。ビジュアルエディター、テキストエディターともにセレクター内に変数を利用することができます。

◆ セレクターの編集方法

次のウィンドウの場合、ボタンを特定するセレクターは「Window > Pane > Pane > Button」となります。

このウィンドウの場合、「Pane > Pane > Button」に該当するボタンは1つのため、「Window」を除いた「Pane > Pane > Button」でもボタンを特定できます。

ビジュアルセレクターではセレクターにある「Window」のチェックを外し、セレクターを「Pane > Pane > Button」としても特定することができます。

指定のUI要素	セレクター				
	Window	Pane	Pane	Button	Text
Window > Pane > Pane > Button	☑	☑	☑	☑	
Pane > Pane > Button		☑	☑	☑	

次のウィンドウのようにボタンが2つ存在する場合、セレクターを「Window > Pane > Pane > Button」とすると動作しません。「Window > Pane > Pane > Button」で特定できるボタンは「OK」ボタン、「キャンセル」ボタンの2つです。セレクターだけではどちらのボタンを操作するのかわかりません。この場合は「属性」と呼ばれるセレクターの補足情報を用いてどちらのボタンなのかを特定します。

Window > Pane > Pane > Button

属性にはクラス名や名称、ID、順序などがあります。属性はUI要素によって設定されている項目が違います。今回はあくまでも1つの例として考えてください。

ボタンに文字が表示されている場合は、属性の「Name」を指定することで特定が可能です。「Name」はUI要素の名称の情報が入る属性です。上図の場合、以下のようなセレクターでどちらのボタンなのか特定できます。

「OK」ボタン	Window > Pane > Pane > Button[Name="OK"]
「キャンセル」ボタン	Window > Pane > Pane > Button[Name="キャンセル"]

属性は各要素ごとに設定できます。以下は、ウィンドウタイトルが「タイトル」、ボタンの名称が「はい（Y）」と表示されているセレクター情報（ビジュアルエディターの表示）です。「Button」にName属性で「はい（Y）」と指定されていますが、「Window」にもName属性で「タイトル」と指定されています。このように属性は要素ごとに設定され、複数のウィンドウでも対象を特定できます。

ボタンの名称が表示されているもののName属性として取得できないケースや、ボタンの名称が同じケースが発生することも考えられます。そのような場合は、順序を示すOrdinal属性を使用します。

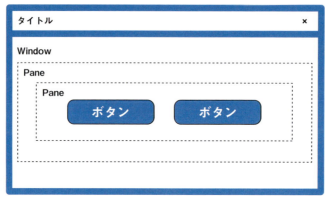

Window > Pane > Pane > Button

　Ordinal属性は同条件で特定できるUI要素が存在した場合、同条件の何番目かを指定できる属性です。下記の場合、「Window > Pane > Pane > Button」で特定できるボタンは2つあるため、どちらかを特定することはできません。Ordinal属性「:eq」で指定することにより特定のボタンを順番に指定できます。1番目を0と数えます。

左のボタン	Window > Pane > Pane > Button:eq(0)
右のボタン	Window > Pane > Pane > Button:eq(1)

COLUMN

Name属性などボタンの名称を設定する際に「演算子」でどのようなパターンを一致条件にするか設定できます。ビジュアルエディターでは、各属性の演算子をドロップダウンより選択することが可能です。Name属性の場合、「と等しい」「と等しくない」「含む」「次の値で開始」「次の値で終わる」「正規表現一致」が選択できます。名称が動的に変わる場合は演算子を変更することで、対応可能な場合があります。

Ordinal属性はセレクター上で「eq」と表示されます。1番目には「0」が割り当てられ、2番目には「1」が割り当てられます。ボタンの順番は必ずしも見た目で左から1番など一定ではないため、セレクターを修正し、トライ＆エラーで順番を調査する必要があります。

COLUMN

UI要素はウィンドウと各ボタン等の親子関係で構成されています。

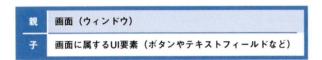

たとえば以下の「色々なコントロール」画面では、「ウィンドウタイトル変更」ボタンは画面に属するUI要素となります。UI要素を編集する場合は画面なのかUI要素（ボタンなど）なのかを区別する必要があります。

右のアクションに設定されているUI要素は「Window'色々なコントロール'」画面に属する「Button'ウィンドウタイトル変更'」ボタンを指定しています。

7-2 UI要素の編集が必要な場合

　UI要素は、エラー修正やUI要素の取得の効率化のために編集します。実例として、第6章で使用したデスクトップアプリケーション「ロボ研ラーニングApp」のメニュー「色々なコントロール」と、第4章で使用した練習用サイト「Power Automate Desktop 練習サイト」の「得意先一覧」を使用します。

◆ エラーが表示されている場合（エラー修正）

　右のように「ボタンを押せません（ウィンドウを取得できません）」などのエラーメッセージが表示される場合の対処について解説します。

　Power Automate for desktopを運用していると、1回目の実行では正しく動作するのに、2回目の実行ができない、昨日実行できたのに今日実行できない、アプリのバージョンアップをしたら実行できなくなったといった運用時に問題が出るケースが起こりえます。これらの原因はさまざまですが、アプリの変更や更新などでボタンが押せなくなったといったエラーは、UI要素の修正で改善できる場合があります。

　例として、「ロボ研ラーニングApp」の「メッセージボックス」ボタンを「ウィンドウ内のボタンを押す」アクションで操作しようとしたもののエラーになってしまった、というケースを想定して解説します。

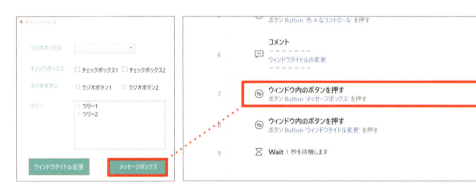

先に示した画像では、エラー内容から「ウィンドウ内のボタンを押す」アクションでエラーが発生していることがわかります。エラーの原因は「ボタンを押せません（ウィンドウを取得できません）」と表示されています。
　この場合、「ウィンドウを取得できません」とあるため、ウィンドウが指定できていない可能性が考えられます。「ウィンドウ内のボタンを押す」アクションに設定されているUI要素を確認します。

「ウィンドウ内のボタンを押す」アクションの「UI要素」に、「Window '3回目 | 色々なコントロール'」＞「Button' メッセージボックス'」が設定されていることが確認できます。設定してあるUI要素をUI要素ペインから探し、セレクターを確認します。

　ウィンドウのセレクターは以下になっていることがわかります。

:desktop > window[Name="3回目 | 色々なコントロール"][Process="Asahi.Learning"]

　右は、ウィンドウ「Window '3回目 | 色々なコントロール'」のセレクタービルダーです。このセレクターを覚えておきましょう。

右は、ボタン「Button'メッセージボックス'」のセレクタービルダーです。こちらは今回の問題とは関係がありませんが、調査時はこのようにUI要素の情報を収集します。

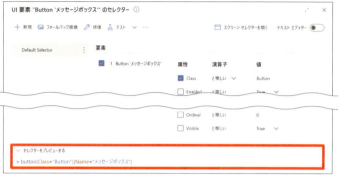

実際のウィンドウを見るとタイトルは「色々なコントロール」と表示されていますが、セレクターに登録されている名称は「3回目｜色々なコントロール」となっています。この違いがボタンを押すことができない原因です。

このアプリケーションのウィンドウタイトルは操作回数により「色々なコントロール」や「3回目｜色々なコントロール」のように変化します。そこで、ウィンドウタイトルに回数が含まれても対応できるようにUI要素を修正します。

ウィンドウ「Window'3回目｜色々なコントロール'」のセレクタービルダーで、Name属性の「演算子」を「含む」に変更し、Name属性の「値」を「色々なコントロール」に変更します。このように修正することで、ウィンドウタイトルの文言が「色々なコントロール」を含んだ文字列の場合にウィンドウを特定できるようになります。

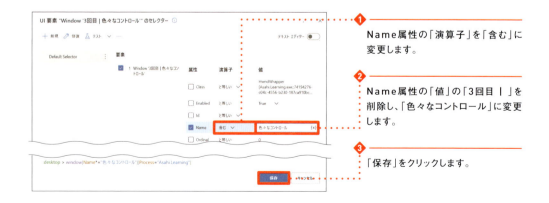

❶ Name属性の「演算子」を「含む」に変更します。

❷ Name属性の「値」の「3回目｜」を削除し、「色々なコントロール」に変更します。

❸ 「保存」をクリックします。

◆ Webのリンクを順番にクリックしたい場合（効率化）

UI要素の編集は、効率化にも役立ちます。「Power Automate Desktop練習サイト」の「得意先一覧」のコードを順番にクリックする例を紹介します。

このページでは「得意先一覧」のコードをクリックすると詳細ページが表示されます。

通常クリックする対象は一つ一つUIを登録し、アクションに設定していく必要があります。対象が大量にある場合は登録するだけで多くの時間を必要とします。クリックする対象が同じ項目であれば、UI要素を編集することで、1つのUI要素で複数の箇所をクリックできます。

例として、ここでは、コードのリンク「0001」「0002」……をクリックするためのUI要素の編集について解説します。

コードをクリックするためのUI要素を確認します。コード「0001」のUI要素を取得します。セレクタービルダーは右のとおりです。

次にコード「0002」のUI要素を取得します。セレクタービルダーは右のとおりです。

取得したコードのUI要素を比較すると以下のようになります。

コードのUI要素の構成は セレクターが「a」、属性が「Id」となっています。このことから、このページでは複数のコードを区別するためにId属性の値「lnk0001」「lnk0002」を使用していることがわかります。

上記をもとに1つのUI要素で複数のリンクを順番にクリックできるようにUI要素を編集します。ここではセレクターに変数を用いるので、「変数の設定」アクションで変数「%RowNo%」を作成します。設定する値は「0」としておきます。

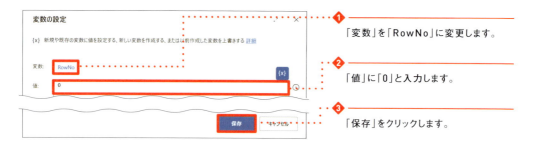

UI要素を編集するために、取得したコード「0001」のセレクタービルダーを開きます。「セレクター」でチェックが入っている「14 Anchor '0001'」を選択します。属性にあるId属性の「演算子」を「含む」にし、「値」を「lnk」に編集します。値が「lnk0001」の場合は、コードのId属性が「lnk0001」を特定する条件となりますが、Id属性の値を「lnk」を「含む」とすることで、コードが「lnk0001」「lnk0002」のように「lnk」を含む場合に特定できるようになります。

300

次にOrdinal属性にチェックを付けます。Id属性の指定だけでは特定される要素が複数存在し、クリック対象を1つに絞り込めません。Ordinal属性にチェックを付けることで、同じセレクターで特定できるものが複数ある場合に順番に指定できます。

❽ Ordinal属性にチェックを付けます。

　このままでは、Ordinal属性は「0」でコードを特定することはできません。今回順番にコードをクリックしていきたいので、Ordinal属性の数値を変えることでクリック箇所を特定します。
　UI要素のセレクターに含まれた数字などを、状況に応じて（動的に）変化させるためには、変数を用います。変数は、ビジュアルエディター、テキストエディターともに利用できます。

❾ ビジュアルエディター右上のボタンをオンにします。

　テキストエディターにすることで、セレクターをテキストとして入力できるようになります。セレクター内の「0」を削除し、上の{x}をクリックします。表示された変数一覧から事前に作成しておいた変数「%RowNo%」を選択します。

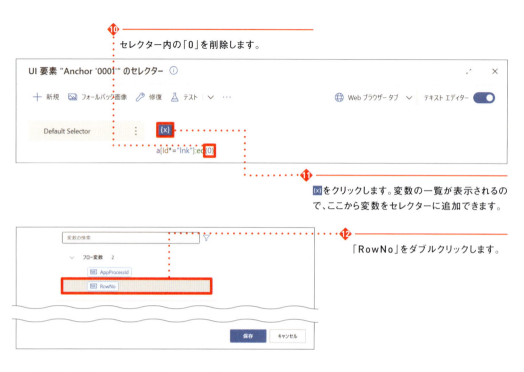

変数を使用したセレクターは下記のとおりです。

a[Id*="lnk"]:eq(%RowNo%)

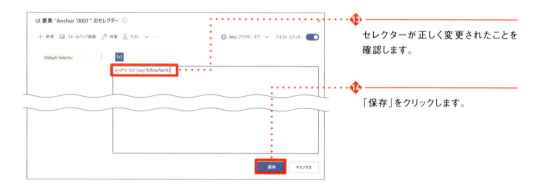

上記の手順でセレクターを編集できました。

ここから、変数「%RowNo%」の値を「変数」アクショングループの「変数を大きくする」アクションを使い、0、1、2、3……と繰り返し処理ごとに1ずつ繰り上がるようにすることで、上から順番にコードを特定しクリックさせることができます。

7-3 セレクタービルダーの機能

セレクタービルダーにはUI要素を編集する機能のほかにも、指定したセレクター情報で画面上のUI要素を見つけることができるかをテストする機能や、Webページやデスクトップアプリのセレクター情報が変更になった際にかんたんに修正できる機能、指定したセレクターが識別できなかった場合に画像で操作する機能が備わっています。

これらの機能を活用することで、より信頼性の高いフローを実行できます。ここでは、各機能の詳細を解説します。

◆ UI要素（セレクター）のテスト

セレクタービルダーには、デスクトップのセレクターとWebのセレクターの両方をテストできる機能が備わっています。この機能により、UI要素の編集後や「xxxxが見つかりません」などのエラーの際に、アクションに設定されているUI要素のセレクター情報が正しいかを確認することができます。

テスト機能を利用する際は、テストしたいUI要素を選択し、「編集」からセレクタービルダーを開きます。そして「テスト」をクリックします。テスト実行後、セレクター情報に問題がなく、UI要素が見つかった場合は、要素の隣に緑色のチェックマークが表示されます。

テスト実行後に赤色のマークが表示された場合は、現在のセレクターでUI要素が見つからなかったことを表します。赤色のマークが表示された階層のセレクターが正しく動作していないので、エラーになった階層のセレクターを修正します。

　セレクターの中に変数を利用している場合は、テスト実行時にインプットダイアログが表示されます。任意の値を入力し、テストすることが可能です。

　セレクターのテスト機能は、セレクタービルダーウィンドウのテキストエディターでも利用することができます。

◆ UI要素（セレクター）の修復

セレクターの修復は、一度登録したセレクター情報が何らかの理由で変更になった場合にかんたんに修正できる機能です。7-2で説明しましたが、正しく動作しなかった場合はUI要素を編集することで動作するケースがあります。ただし、UI要素の編集に慣れていないと、多くの時間を要してしまう場合があります。その場合、セレクターの修復機能を使って直感的に修復してしまう手段もあるので、方法として覚えておきましょう。

セレクターの修復は、セレクタービルダーの「修復」から利用可能です。エラーによりクリックできなかったボタンを選択します。

例として、Webブラウザーからファイルをダウンロードする際に表示される「名前を付けて保存」ボタンを用いて説明します。

最初に登録したボタンではとくに何も起きませんが、失敗した後に「修復」を押して、対象のUI要素を設定するとセレクター情報の比較が始まり、前回の動作と異なる箇所が青マーキングされます。マーキングされたところに注意してセレクター情報を変更することで、かんたんにセレクターの修正を行うことができます。

306

◆ UI要素のフォールバック

　UI要素のフォールバックとは、「ウィンドウUI要素をクリックする」アクションなどの画面操作のアクションで指定したUI要素が見つからなかった場合に、セレクタービルダー内で登録した画像を探して画面操作を行う機能です。UI要素が見つからなかった際の処理をセレクタービルダーで設定できる機能は非常に便利です。もしこの機能を使わずに同様の処理を実現させる場合は「ウィンドウが次を含む場合」アクションでUI要素の有無をチェックして、指定したUI要素が存在すれば「ウィンドウUI要素をクリックする」アクションで操作し、指定したUI要素が存在しなければ「マウスを画像に移動」アクションを用いて、画像認識を利用したマウスでクリックする処理となります。

　実際に設定する場合は、セレクタービルダーの「フォールバック画像」をクリックし、対象のUI要素を設定することで可能となります。

7-4 UI要素を調査する

　アプリケーションを操作する際にUI要素を利用しますが、より確実に操作するためにセレクター構成を解析したいケースがあります。「UI 要素の取得」ではセレクターの構成を解析できませんが、「UI 要素を調査する」機能ではUI要素を階層ツリーで表示させることができ、それらの属性と値を確認することができます。

　「UI 要素を調査する」はWebページだけではなく、アプリケーションのセレクターも解析できるのが特徴です。ただし、すべてのWebページやアプリケーションが解析できるわけではないので注意しましょう。「UI 要素を調査する」は、主に次の方法で利用することができます。デザイナー画面の「UI 要素」ペインから「UI 要素の追加」の∨をクリックし、「UI 要素を調査する」をクリックします。

　もしくは、メニューバーの「ツール」から、「UI 要素を調査する」をクリックします。

第 7 章　応 用 操 作

　これによりUI要素ピッカーが起動し、UI要素の調査を行うことができます。調査したいUI要素上で右クリックし、「UI要素を調査する」をクリックします。UI要素ピッカーではUI要素の階層構造や各要素の属性および値を確認することができます。

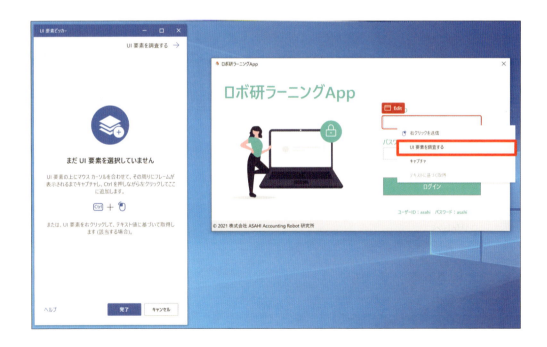

　また、UI要素ピッカーで複数のUI要素にチェックを入れ、「フローに追加」をクリックすると、一度に複数のUI要素をフローに追加することができます。

309

7-5 例外処理

エラーが発生しそうなポイントに対して事前に対策の処理を設定することで、エラーが発生してフローが停止してしまうリスクを削減できます。こうした予期しないエラーが発生した際、エラーを回避・回復するためのしくみを「例外処理」といいます。

◆ 例外処理の2つの方法

Power Automate for desktopは2つの方法でエラー発生時の例外処理を設定できます。

1つ目は、各アクション内の「エラー発生時」の処理設定です。各アクション内の「エラー発生時」の処理では、各アクションがエラーになった場合にどのような例外処理をさせるのかを設定することができます。設定できる例外処理は、アクションの再試行、変数設定、サブフローの実行、次のアクションに移動する、アクションの繰り返し、ラベルに移動です。詳細タブでは、エラーごとに処理を設定することができます。

2つ目は、「フロー コントロール」アクショングループの「ブロック エラー発生時」アクションによる設定です。「ブロック エラー発生時」アクションでは、ブロックエラー内の複数アクション対して例外処理を設定することができます。設定できる例外処理は、変数設定、サブフローの実行、次のアクションに移動する、

アクションの繰り返し、ラベルに移動、ブロックの先頭／末尾に移動するです。また、「ブロック エラー発生時」アクションでは、「予期しないロジック エラーを取得」オプションがあり、リスト変数の範囲外へのアクセスなど、予期しないロジックエラーを取得することができます。

◆ 例外処理の設定例

具体的に例外処理の設定方法を見てみましょう。今回想定するシーンは「アクションの実行に失敗した場合にメールを送信する」です。アクション実行時に何らかの要因があり、アクションが失敗した際にメールで通知するという流れです。

これで例外処理の設定は完了です。「ブロック エラー発生時」アクションのブロック内でエラーが発生した場合は、サブフロー「エラー通知」が呼び出され、メールが送信されます。もし、エラー時の例外処理の動作を細かく設定したい場合は、「ブロック エラー発生時」アクションの設定で「フロー実行を続行する」を選択し、エラー時の動作を設定することで、繰り返しアクションを実行させるのか処理をスキップさせるのかなどの処理を設定することができます。

　フローは、さまざまな要因によって発生する予期しないエラーによって停止する可能性があります。Windowsの更新などの動作端末の影響や、操作対象のアプリケーション／Webページの構成変更、想定外のメッセージ表示などは、フローが予期せずに停止してしまう原因として挙げることができます。アプリケーションの変更や特定のメッセージが表示されそうな処理、繰り返し処理を行うポイントに、例外処理を追加することをおすすめします。

第7章　応用操作

7-6 | フローの部品化

　Webサービスへのログイン処理などはいくつかのフローで共通して行われる作業です。こうした処理を1つのフロー（デスクトップフロー）として作成すると、ほかのフローから呼び出して利用できます。いわばフローの部品化です。「フロー作成やテスト時間の短縮」「保守性の向上」など、さまざまなメリットがあります。「Desktopフローを実行」アクションを使用すると、部品化したフローを別のフローから呼び出せます。

◆　フローを部品化して呼び出す

　部品化するフローから作成していきます。フローを部品化する際には、呼び出し元と呼び出される側での情報のやり取りに変数が必要です。実行するフローから部品化したフローに情報を与えるには入力変数、取り出すには出力変数を用います。例を示します。変数ペインの「入出力変数」で、「LoginID」という名前の入力変数と、「LoginDateTime」という出力変数を作成します。変数名と外部名に同じ項目を入力します。外部名はフローデザイナーの外部から参照するときに用いる名前のことです。入力変数は呼び出し元のフローから受け取る値、出力変数は呼び出し元のフローに返却する値です。

　この例では、ログインIDとフローの実行日時を表示するフロー

313

を作成します。フローの処理日時を表示するため、「現在の日時を取得」アクションを配置し、取得した日時と呼び出し元のフローから受け取った値（%LoginID%）を「メッセージを表示」アクションで表示します。最後に「変数の設定」アクションを追加し、変数「%LoginDateTime%」に変数「%CurrentDateTime%」を設定します。

呼び出し元のフローを作成します。「フローを実行する」アクショングループの「Desktopフローを実行」アクションをワークスペースに追加します。

「Desktopフロー」では、自分が作成したフローが一覧表示されます。先ほど作成した部品化するフローを選択します。なお、有償ライセンスを保有しており、フローを共有している場合は、共有されたフローも選択できます。「入力変数」は、呼び出し先のフローに入力変数が設定されている場合、設定できます。この例では「%LoginID%」が用意されています。「生成された変数」は、呼び出し先のフローに出力変数が設定されている場合、設定できます。

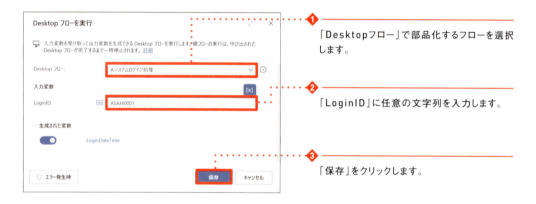

入力変数に入力した内容は部品化したフローで利用でき、生成された変数には部品化したフローで設定された変数が入っています。

フローを実行すると、呼び出し先の部品化したフローが呼び出され、部品化したフローに渡したログインIDの値と、処理日時がメッセージに表示されます。

なお、「Desktopフローを実行」アクションを利用する際の注意点は、呼び出した別フローは処理が完了するまで待機するため、並列処理による処理速度向上を目的とした利用はできないことです。

第 7 章 応用操作

7-7 | 有償ライセンスを使った自動化

これまで Power Automate for desktop の無償の範囲でできることに焦点を当てて解説してきました。ここでは有償ライセンス（P.34参照）を入手した場合にどのようなことができるかを紹介します。

◆ 有償ライセンスが必要となる3つの場面

実際に業務の自動化を実現し、安定運用を継続して行うためにはいくつかの要件を満たす必要性が出てきます。自動実行・クラウドサービス／AI連携・運用管理の3つの観点から有償ライセンスが必要となる場面を紹介します。

◆ 自動実行

Power Automate for desktop の無償利用の範囲では、スケジュール実行やトリガーによる実行に対応していないため、以下に示す3つのケースの要件を満たすことができません。

- 作成したフローを「毎週月曜日の朝8時半」のように一定のスケジュールに従って実行する
- Excel ファイルを会計ソフトに取り込み可能な様式に変換するフローを、作業前フォルダーに Excel ファイルが格納されたことをきっかけに実行する（トリガーによる実行）
- 注文メールに添付されている注文書の内容を販売管理システムへ登録する処理を、顧客からの注文メールの受信をきっかけに実行する

無償の範囲でスケジュール実行を可能にするには、社員は毎週月曜日の朝8時半までに出勤してパソコンを立ち上げ、Power Automate for desktop の画面で対象のフローを手動で実行しなければなりません。しかし、この方法では社員が毎週月曜日に出勤することが必須となり、フローの実行を忘れる可能性もあります。その結果、業務自動化

315

の効果が十分に発揮されないと感じるかもしれません。

　有償ライセンスを適用すれば、フローの実行を忘れるリスクを減らしたり、人に気づかれないところで自動的に処理を完了させたり（無人実行）というメリットを得られます。これにより、業務自動化の効果を最大限に引き出すことができます。

◆ クラウドサービス／AI連携

　デスクトップフローを使って業務プロセスを自動化するときは、Webアプリケーションやデスクトップアプリケーションの操作が主な対象です。しかし、日常の業務では、紙の書類やMicrosoft 365などのクラウドサービスなども使っています。Power Automateの有償ライセンスを使えば、クラウドサービスとの連携やAI BuilderというAI機能で紙の書類のデータ化など、業務プロセスの全体を自動化できます。たとえば、メールに添付された注文書のPDFデータをSharePointに保存し、販売管理システムに登録する処理を考えてみましょう。無償の範囲だけでは、メール受信からファイルの保存とPDFデータの転記は人が行い、販売管理システムへの登録だけデスクトップフ

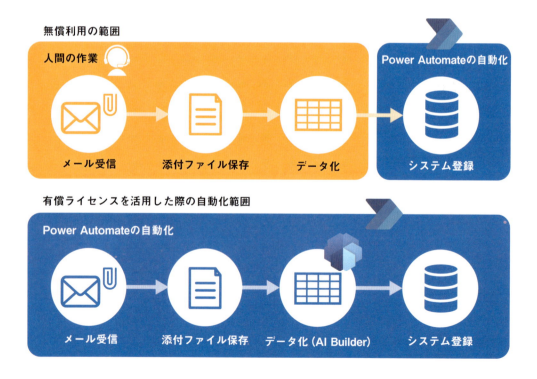

ローで自動化できます。有償ライセンスを使えば、メール受信からファイルの保存は
Power Automateのクラウドフローで、PDFデータのデータ化はAI Builderで、販売管理
システムへの登録はデスクトップフローで行うことができます。これで、業務プロセス
の一連の流れを自動化できます。

◆　**運用管理**

　Power Automate for desktopを組織アカウントで作成・運用すると、Dataverseの領
域を消費します。そのため、利用状況に応じてライセンスや容量の追加購入が必要とな
ります。

　また、作成したフローをほかのユーザーと共有することや、フローの稼働状況を監視
する機能、実行管理機能にも、有償ライセンスが必要になります。これらの機能は、企業
でPower Automate for desktopを導入して展開していくには、満たすべき要件です。組
織内でどのようなフローが作成され、実行されているのかを把握することで、組織内で
の自動化のニーズを理解でき、「野良ロボット」の抑制や実行できるフローの組織内
管理、統制も可能となります。さらに、ニーズから作成されたフローを必要としている
社員に共有することで、組織内に存在する大小のあらゆる業務の自動化を促進するこ
とが可能となります。

　有償ライセンスでできることについては、マイクロソフトのWebサイト（https://
www.microsoft.com/ja-jp/power-platform/products/power-automate）も参考にしてください。

7-8 | 実践フロー演習問題

　第4章から第6章までの実践フローの作成を通じ、Power Automate for desktopによるアプリケーションやWeb操作の基本について学習してきました。実際のビジネスシーンでは、これらの基本操作を組み合わせることで業務を自動化していきます。ここでは、実際の業務における活用イメージを掴むため、それぞれのアプリケーションをどのように連携させていくのかを、演習問題を通じて学んでいきます。

　問題で使用するExcelファイルは、以下のURLからダウンロードして、デスクトップ上に保存してください。

https://gihyo.jp/book/2025/978-4-297-14734-1

　Webサイトは、第4章と同じものを使用します。

・Power Automate Desktop練習サイト（https://support.asahi-robo.jp/learn/）

　WebブラウザーはMicrosoft Edgeを使用します。

◆　問題

　次の業務を自動化するフローを作成してみましょう。

　Excelファイル「受注一覧.xlsx」には、月ごとの勉強会の受注内容が記載されています。「ステータス」が「売上」の場合、Webサイト「Power Automate Desktop練習サイト」の売上入力画面でデータを登録します。それと同時に、その得意先への請求書をExcelのひな型に転記し、PDF形式で保存します。今回は「2021年4月」のデータを登録します。

入力対象となるデータは以下のとおりです。

売上入力

ステータス	受注日	納品日	売上日	会社名	製品コード	製品名	単価	数量	金額
売上	2021/4/1	2021/4/3	2021/4/3	株式会社ASAHI SIGNAL	0001	Power Automate Desktop 入門講座	10,000	10	100,000
売上	2021/4/1	2021/4/3	2021/4/3	あさひ Avi株式会社	0001	Power Automate Desktop 入門講座	10,000	3	30,000
受注	2021/4/1			旭 OPEN株式会社	0002	Power Automate Desktop 勉強会	300,000	2	600,000
売上	2021/4/2	2021/4/4	2021/4/4	あさひ ATLAS株式会社	0003	Power Automate Desktop カレッジ	500,000	1	500,000
売上	2021/4/2	2021/4/3	2021/4/3	朝陽 ENGINE株式会社	0002	Power Automate Desktop 勉強会	300,000	2	600,000
受注	2021/4/2			株式会社ASAHI Auto	0001	Power Automate Desktop 入門講座	10,000	4	40,000
売上	2021/4/3	2021/4/4	2021/4/4	株式会社旭 LOGIC	0003	Power Automate Desktop カレッジ	500,000	1	500,000
受注	2021/4/3			株式会社Asahi VERGE	0001	Power Automate Desktop 入門講座	10,000	3	30,000
受注	2021/4/3			朝陽 SILVER株式会社	0003	Power Automate Desktop カレッジ	500,000	1	500,000
売上	2021/4/4	2021/4/5	2021/4/5	Asahi capsule株式会社	0002	Power Automate Desktop 勉強会	300,000	1	300,000
売上	2021/4/4	2021/4/6	2021/4/6	旭日 SENSE株式会社	0001	Power Automate Desktop 入門講座	10,000	5	50,000
受注	2021/4/5			ASAHI ACTIVE株式会社	0003	Power Automate Desktop カレッジ	500,000	1	500,000
売上	2021/4/6	2021/4/7	2021/4/7	株式会社あさひ Solid	0002	Power Automate Desktop 勉強会	300,000	2	600,000
受注	2021/4/6			Asahi Echo株式会社	0003	Power Automate Desktop カレッジ	500,000	1	500,000
受注	2021/4/7			朝比 INTER株式会社	0001	Power Automate Desktop 入門講座	10,000	8	80,000

ヒント

- 入力対象のデータを抽出するには、「変数/データテーブル」アクショングループの「フィルターデータテーブル」アクションを使用します。
- Webページの「得意先名称」には、受注一覧の「会社名」を入力します。
- Webページの「売上日」には、受注一覧の「売上日」を入力します。このとき、変数のプロパティを使用し、「年」「月」「日」をそれぞれ分けて入力します。
- Webページの「金額」には、受注一覧の「金額」を入力します。
- デスクトップレコーダーやWebレコーダーを使用しても構いません。「解答例」では、アクションペインからアクションを1つずつ選択する方法で解説しています。

◆ 解答例

以下の手順に従ってフローを作成します。説明は簡略化しています。サンプルファイルや、第4章から第6章の解説を参考に操作を試してください。

フォルダーのデスクトップパスを取得する

❶「特別なフォルダーを取得」アクションをワークスペースに追加します。「特別なフォルダーの名前」を「デスクトップ」にします。

ユーザーが選択したファイル「受注一覧.xlsx」のワークシートからデータを読み取る

❶「Excel の起動」アクションをワークスペースに追加します。「ドキュメントパス」には、「特別なフォルダーを取得」で指定したデスクトップのフォルダパスの後に、デスクトップにある「請求書フォルダー」内に格納されている「受注一覧.xlsx」を指定します。今回いくつかの Excel ファイルを開くので、どの Excel ファイルの変数なのかを判別しやすいように変数名を「%受注一覧%」に変更します。

❷「アクティブな Excel ワークシートの設定」アクションをワークスペースに追加します。「次と共にワークシートをアクティブ化」で「名前」を選択し、「ワークシート名」に「2021年4月」と入力します。

❸「Excel ワークシートから読み取る」アクションをワークスペースに追加します。「取得」を「ワークシートに含まれる使用可能なすべての値」とします。「詳細」の「範囲の最初の行に列名が含まれています」をオンにして、最初の行を列名として扱います。

❹「Excelを閉じる」アクションをワークスペースに追加します。「Excelを閉じる前」で「ドキュメントを保存しない」を選択します。

　ここで使用したアクションは「Excel」アクショングループに属します。Excelの操作については第5章を参考にしてください。手順ごとに以下のように、その段階でのフローを掲載します。全体のフローはサンプルファイルも参照してください。

Webブラウザーを起動し、「Power Automate Desktop 練習サイト」にログインする

❶「新しいMicrosoft Edgeを起動」アクションをワークスペースに追加します。「初期URL」に「https://support.asahi-robo.jp/learn/」と入力します。

❷「Web ページ内のテキスト フィールドに入力する」アクションをワークスペースに追加します。ログインページの「ユーザーID」のテキストフィールドをUI要素として取得します。「テキスト」に「asahi」と入力します。

❸「Web ページ内のテキストフィールドに入力する」アクションをワークスペースに追加します。ログインページの「パスワード」のテキストフィールドをUI要素として取得します。「テキスト」で「直接暗号化されたテキストの入力」を選択し、「asahi」と入力します。

❹「Web ページのチェック ボックスの状態を設定します」アクションをワークスペースに追加します。「利用規約に同意する」のチェックボックスをUI要素として取

得します。

❺「Webページのボタンを押します」アクションをワークスペースに追加します。「ログイン」ボタンをUI要素として取得します。

❻「Webページのリンクをクリック」アクションをワークスペースに追加します。メニューから「売上入力」ページのリンクをUI要素として取得します。

ここで使用したアクションは、「ブラウザー自動化」アクショングループに属します。操作については4-5を参考にしてください。

「受注一覧.xlsx」から読み取ったデータテーブルでフィルター処理を行い、「ステータス」が「売上」のデータを抽出する

❶「フィルター データテーブル」アクションをワークスペースに追加します。「データテーブル」に「%ExcelData%」と入力し、「適用するフィルター」を設定します。

このアクションは「変数/データテーブル」アクショングループに属します。操作については第6章を参考にしてください。

請求書を発行するための準備を行う

❶「既定のプリンターを設定」アクションをワークスペースに追加します。「プリンター名」のドロップダウンリストは「Microsoft Print to PDF」を選択します。

❷「Excel の起動」アクションをワークスペースに追加します。「ドキュメントパス」には、「特別なフォルダーを取得」で指定したデスクトップのフォルダパスの後に、デスクトップにある「請求書フォルダー」内に格納されている「請求書ひな型.xlsx」を指定します。こちらのインスタンスの変数名は「%請求書ひな型%」に変更します。

❸「ウィンドウの状態の設定」アクションをワークスペースに追加します。「ウィンドウの検索モード」を「ウィンドウのインスタンス / ハンドルごと」に設定してウィンドウインスタンスは「% 請求書ひな型 %」を、「ウィンドウの状態」は「最大化」を選択します。

13	既定のプリンターを設定 'Microsoft Print to PDF' を既定のプリンターとして設定
14	Excel の起動 Excel を起動し、既存の Excel プロセスを使用してドキュメント SpecialFolderPath '\請求書フォルダー\請求書ひな型.xlsx' を開き、Excel インスタンス 請求書ひな型 に保存します。
15	ウィンドウの状態の設定 ウィンドウ 請求書ひな型 の状態を 最大化 に設定

フィルター後のデータテーブルをもとに繰り返し処理を行い、「売上入力」画面でデータを入力する

❶「For each」アクションをワークスペースに追加します。「反復処理を行う値」に「%FilteredDataTable%」と入力し、データテーブルの行数分ループ処理を行います。

❷「Webページ内のテキストフィールドに入力する」アクションをワークスペースに追加します。得意先名称のテキストフィールドをUI要素として取得します。「テキス

ト」に「%CurrentItem['会社名']%」と入力します。

❸「テキストをdatetimeに変換」アクションをワークスペースに追加します。「売上日」のテキストフィールドが「年」「月」「日」に分かれているため、「受注日」の「年」「月」「日」を変数のプロパティを使用して取得します。変数のプロパティを使用するには、値をテキスト型から日付型に変換するこのアクションが必要です。「変換するテキスト」に「%CurrentItem['売上日']%」と入力します。テキストに変換された値は変数「%TextAsDateTime%」に格納されます。

❹「Webページでドロップダウンリストの値を設定します」アクションをワークスペースに追加します。UI要素として「売上日」の「年」のドロップダウンを追加します。「操作」は「名前を使ってオプションを選択します」を選択します。「オプション名」に、「%TextAsDateTime.Year%」と入力します。「変数の選択」をクリックすると、変数の一覧が表示されます。さらに、「%TextAsDateTime%」の変数名の左側にある矢印をクリックすると、変数「%TextAsDateTime%」で使用可能なプロパティの一覧が表示されます。一覧より「.Year」を選択します。これで「売上日」の「年」をオプション名として指定できます。

❺「Webページでドロップダウンリストの値を設定します」アクションをワークスペースに追加します。「売上日」の「月」のドロップダウンをUI要素として追加します。「オプション名」に、「%TextAsDateTime.Month%」と入力します。

❻「Webページでドロップダウンリストの値を設定します」アクションをワークスペースに追加します。UI要素として「売上日」の「日」のドロップダウンを追加します。「オプション名」に、「%TextAsDateTime.Day%」と入力します。

❼「Webページ内のテキストフィールドに入力する」アクションをワークスペースに追加します。「金額」のテキストフィールドをUI要素として追加します。「テキスト」に「%CurrentItem['金額']%」と入力します。

❽「Webページのボタンを押します」アクションをワークスペースに追加します。「データ登録」ボタンをUI要素として追加します。

第 7 章　応 用 操 作

❾「アクティブな Excel ワークシートの設定」アクションをワークスペースに追加します。「次と共にワークシートをアクティブ化」で「名前」を選択し、「ワークシート名」に「様式」と入力します。Excel インスタンスは「%請求書ひな型%」を選択します。

❿「Excel ワークシートに書き込む」アクションをワークスペースに追加します。インスタンスは「%請求書ひな型%」を選択します。書き込む値は「%CurrentItem['会社名']%」とします。「書き込みモード」は「指定したセル上」とし、「列」を「A」、「行」を「3」とします。

⓫「Excel ワークシートに書き込む」アクションをワークスペースに追加します。インスタンスは「%請求書ひな型%」を選択します。書き込む値は「%CurrentItem['売上日']%」とし、「書き込みモード」は「指定したセル上」として、「列」を「A」、「行」

325

を「11」とします。

⓬ 「Excelワークシートに書き込む」アクションをワークスペースに追加し、インスタンスは「%請求書ひな型%」を選択します。書き込む値は「%CurrentItem['金額']%」とし、「書き込みモード」は「指定したセル上」として、「列」を「E」、「行」を「11」とします。

24		**アクティブな Excel ワークシートの設定** Excel インスタンス 請求書ひな型 のワークシート '様式' をアクティブ化します
25		**Excel ワークシートに書き込む** Excel インスタンス 請求書ひな型 の列 'A' および行 3 のセルに値 CurrentItem ['会社名'] を書き込み
26		**Excel ワークシートに書き込む** Excel インスタンス 請求書ひな型 の列 'A' および行 11 のセルに値 CurrentItem ['売上日'] を書き込み
27		**Excel ワークシートに書き込む** Excel インスタンス 請求書ひな型 の列 'E' および行 11 のセルに値 CurrentItem ['金額'] を書き込み

⓭ 「キーの送信」アクションをワークスペースに追加します。「キーの送信先」を「ウィンドウのインスタンス/ハンドルごと」とし、「ウィンドウインスタンス」で「%請求書ひな型%」を選択します。「送信するテキスト」は「Alt F P P」とします。「キーの入力の間隔の遅延」を「800」と設定します。

⓮ 「ウィンドウを待機する」アクションをワークスペースに追加します。「印刷結果を名前を付けて保存」のウィンドウのUI要素を取得します。

⓯ 「ウィンドウ内のテキストフィールドに入力する」アクションをワークスペースに追加します。「ファイル名」のテキストボックスのUI要素を取得します。入力するテキストは「%SpecialFolderPath%\請求書フォルダー\請求書_%CurrentItem['会社名']%.pdf」とします。

第 7 章　応用操作

🔟「ウィンドウ内のボタンを押す」アクションをワークスペースに追加します。「保存」ボタンのUI要素を取得します。

🔟「ファイルを待機します」アクションをワークスペースに追加します。「ファイルパス」に「%SpecialFolderPath%\請求書フォルダー\請求書_%CurrentItem['会社名']%.pdf」と入力します。

🔟「Excelを閉じる」アクションを「For each」ブロック外のワークスペースに追加します。「%請求書ひな型%」のExcelを「ドキュメントを保存しない」で設定します。

登録結果をWebページ上から抽出し、Excelに転記して保存する

❶「Webページからデータを抽出する」アクションをワークスペースに追加します。「売上入力」で入力されたリストを抽出します。

327

❷「Excelの起動」アクションをワークスペースに追加します。「空のドキュメントを使用」と設定します。インスタンスの変数名は「%請求書送付リスト%」に変更します。

❸「Excelワークシートに書き込む」アクションをワークスペースに追加します。インスタンスを「%請求書送付リスト%」にし、書き込む値を「%DataFromWebPage%」、書き込みモードは「指定したセル上」、「列」は「A」、「行」を「1」とします。

❹「Excelを閉じる」アクションをワークスペースに追加します。「名前を付けてドキュメントを保存」、「ドキュメント形式」は「Excelブック(.xlsx)」を選択します。「ドキュメントパス」は「%SpecialFolderPath%\請求書フォルダー\請求書送付リスト.xlsx」とします。

❺「Webブラウザーを閉じる」アクションをワークスペースに追加します。

ここで使用した「テキストをdatetimeに変換」アクションは「テキスト」アクショングループ、そのほかのアクションは「ブラウザー自動化」アクショングループに属します。操作については4-5を参考にしてください。ここまでのフローを掲載します。全体のフローはサンプルファイルも参考にしてください。

COLUMN

「新しいフロー」ボタンをクリックして、新しいフローを作成しようとすると「Power Fx が有効」というトグルスイッチが表示されます。このスイッチをオンにしてデスクトップフローを作成すると、Power Automate for desktopでPower Fxを使用することができます。

Power Fxは、もともとPower Apps（Power Automate for desktopと同じPower Platform製品の1つであり、ローコードでアプリケーションの作成ができる）のキャンバスアプリで使用されているプログラミング言語です。現在Power Apps以外のPower Platform製品でも使用できるように統合が進められています。その流れの一環として、2023年12月からプレビュー機能としてPower Automate for desktopでも Power Fx が使用できるようになりました。本書執筆時点（2024年11月時点）では、一般公開されています。

Power Fxを一言でいうと、Excel関数のようなプログラミング言語です。従って、Excelスプレッドシートでの作業に慣れている方であれば、Power Fxもすぐに使いこなせるようになるでしょう。たとえば、Power FxはExcel関数と同様に、関数を書き始めるときに等号（=）から始めます。また、文字列の結合にはアンパサンド（&）記号を使用します。さらに、Excel関数でなじみ深いSum関数、Text関数、If関数、Today関数などがPower Fxで

も使用できます（Power Fxでは、関数の名前が先頭だけ大文字です。Excelでは関数の名前はすべて大文字です）。これまでPower Automate for desktopは難しいと感じていた方にも、Excelスプレッドシートのように作業ができるようになったので、ぜひ自動化に挑戦してみてほしいと思います。

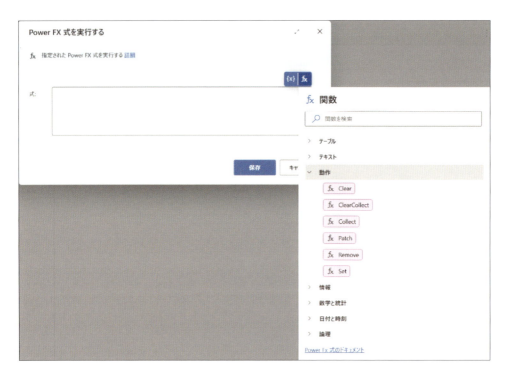

一方で、すでにPower Automate for desktopに慣れている方にとっては、少し混乱してしまうかもしれません。たとえば、変数や式はパーセント（%）で囲むのではなく、等号（=）で始めます。リストやデータテーブルのインデックスは0からではなく1から始まります。また、Power Fxを有効にしたデスクトップフローと、有効にしていないデスクトップフローは互換性がないので、無理に有効にする必要はないでしょう。ただし、Power Fxを有効にすると、Excel関数のような関数が使用できたり、データ型がより厳密になったりといったよい点もたくさんあるので、ぜひ挑戦してみてください。

索 引

記号・A-Z

%	71
\	218
¥	218
AI	26, 316
AND条件	269
「Case」アクション	264
Copilot Studio	28
CSVファイル	225
Datetime型	79
Datetimeをテキストに変換	252
「Desktopフローを実行」アクション	313
DPA	26, 30
「Else」アクション	88
「Else If」アクション	89
Excel	214
Excelインスタンス	219
Excel間の転記	229
Excelの起動	217
Excelの保存	237
Excelファイルの起動	236
Firefox	67, 107
「For each」アクション	95
Google Chrome	67, 105
「If」アクション	87
「Loop」アクション	94
Microsoft 365	29
Microsoft Dataverse	33
Microsoft Edge	67, 102
Microsoft Power Platform	28

Microsoftアカウント	33
Name属性	293
OneDrive	33
Ordinal属性	294
OR条件	270
PDF	187
Power Apps	28
Power Automate	28
Power Automate Desktop練習サイト	100, 296, 318
Power Automate for desktop	28
Power Automate Premium	34
Power Automate Process	34
Power BI	28
Power Fx	329
Power Pages	28
RDA	19
RPA	14
RPAの種類	18
RPAの導入	22
「Switch」アクション	264
UI	120
UI要素	32, 120
UI要素（セレクター）の修復	305
UI要素の構造	122
UI要素の詳細を取得	199
UI要素の追加	125
UI要素のフォールバック	307
UI要素の編集	290
UI要素ピッカー	125, 309
UI要素ペイン	48, 52
UI要素を調査	308
VBA	214

Web操作	100
Webブラウザーを起動するフロー	110
「Webページのコンテンツを待機」アクション	265
Webページの操作	124

あ行

アクション	56, 64
アクショングループ	64
アクションの削除	118
アクションペイン	44
アクションを無効化する	119
新しい行をデータテーブルに挿入	280
新しいデータテーブルを作成	277
新しいフロー	54
アプリケーションの起動	170
インスタンス型	01
インストール	36, 103
「ウィンドウコンテンツを待機」アクション	267
ウィンドウタイトル	298
ウィンドウを閉じる	185, 196
運用管理	317
エラー	133
エラー修正	296
エラーペイン	49
エンコード	225
演算子	91
演習問題	318
オペランド	91

か行

拡張機能	67, 102

拡張子	262
画像認識	206
画像認識型	21
画像認識でレコーダーを利用	210
画像ペイン	48, 52
カレンダーピッカー	181
「既定のプリンターを取得」アクション	188
「既定のプリンターを設定」アクション	187
起動	36
機密テキスト	211
行番号を増加させる	248
行番号を変数に置き換える	244
クラウド型	19
クラウドサービス	316
クラウドフロー	29
繰り返し処理	93
結果をメッセージ表示	162
月初の日付を取得	259
月末の日付を取得	259
現在日時を取得	250, 258
構造解析型	21
ここから実行	61
コネクタ	26, 31
コンソール	39

さ行

サーバー型	19
サインイン	37
サブフロー	59
サブフロータブ	46
システム要件	35
指定したセルに値を書き込む	238

333

自動実行	315	データテーブルの項目を更新	278
条件に合致するデータを抽出	231	データテーブルの操作	277
条件分岐	87	データの絞り込み	154
条件分岐でデータを絞り込む	158	データを1行ずつ繰り返し取得	154
状態バー	52	データを一括抽出	142
ショートカットキー	193	データを変数に格納	159
数値型	77	テーブル	142
スクリーンショット	116	テキストエディター	291
スクレイピング	137, 148	テキスト値型	78
スケジュール	18	テキストフィールドに入力	127, 171, 178, 193
絶対パス	170	デザイン時エラー	50
セットアップ	36	デジタルプロセスオートメーション	30
セレクター	48	デスクトップアプリケーション	167
セレクターの編集	290	デスクトップ型	19
セレクタービルダー	290, 303	デスクトップフロー	29
属性	139, 141, 292	デバッグ	44
		特定箇所の情報を取得	138
		特別なフォルダーを取得	261
		トリガー	18, 315

た行

		ドロップダウンリスト	202
ダイアログボックス	84		
待機	134		
「待機」アクション	268	**な行**	
待機処理	265		
チェックボックス	129, 203	ノーコード	15
直接暗号化されたテキストの入力	129, 174	野良ロボット	19
ツールバー	51		
データ型	77		
データ抽出	137, 149, 201	**は行**	
データテーブル型	80		
データテーブル内で指定したテキストを検索	284	ハイパーオートメーション	26
データテーブル内の行を削除	283	パスワード	38
データテーブル内のデータにフィルター処理	287	ビジュアルエディター	291
データテーブル内のデータを並び替える	286	日付の操作	258
		一人を助けるロボット	25

ファイル型	82
ファイル名に日付を入れて保存	254
ファイルやフォルダーの操作	261
「ファイルを取得します」アクション	266
ブール値型	79
フォルダー型	83
フォルダー内のファイル一覧を取得	261
複数の分岐条件	264
プリンター	187
ブレークポイント	61
フロー	56
フローデザイナー	40, 44
フローの作成	54
フローの実行	58
フローの部品化	313
フローの保存	59
フロー名	55
プロセスマイニング	26
ブロック	62
プロパティ	83
ヘッダー名	157
変数	71
変数の使用	72
変数ペイン	47, 52
変数名	153
保存せずにExcelを閉じる	223
ボタンをクリック	131, 174, 177, 183, 188

ま行

マウスの相対位置	184
マウスポインターを移動	204
メインフロー	59

メニューバー	51

や行

有償版	18
有償ライセンス	34, 315

ら行

ラジオボタン	202
ランタイムエラー	50
リスト	142
リスト型	79
リンクを順番にクリック	299
ループアクション	93
「ループ条件」アクション	95
ループ処理	229
例外処理	22, 310
レコーダー	32, 97, 207
ローコード	15, 28
論理式	269

わ行

ワークシートからデータを読み取る	221
ワークシートの値を検索して置換	272
ワークシートの選択	219
ワークスペース	45
ワイルドカード	262

- ●デザイン 小口翔平＋村上佑佳（tobufune）
- ●作図 朝日メディアインターナショナル株式会社、リンクアップ
- ●編集・組版 リンクアップ
- ●担当 池田大樹

■お問い合わせについて

　本書に関するご質問は、本書に記載されている内容に関するもののみとさせていただきます。本書の内容と関係のないご質問につきましては、いっさいお答えできませんので、あらかじめご了承ください。また、電話でのご質問は受け付けておりませんので、本書サポートページを経由していただくか、FAX・書面にてお送りください。

＜問い合わせ先＞
●本書サポートページ
https://gihyo.jp/book/2025/978-4-297-14734-1
本書記載の情報の修正・訂正・補足などは当該Webページで行います。

●FAX・書面でのお送り先
〒162-0846　東京都新宿区市谷左内町 21-13
株式会社技術評論社　第5編集部
「はじめてのPower Automate for desktop」係
FAX：03-3513-6173

　なお、ご質問の際には、書名と該当ページ、返信先を明記してくださいますよう、お願いいたします。お送りいただいたご質問には、できる限り迅速にお答えできるよう努力いたしておりますが、場合によってはお答えするまでに時間がかかることがあります。また、回答の期日をご指定なさっても、ご希望にお応えできるとは限りません。あらかじめご了承くださいますよう、お願いいたします。

はじめてのPower Automate for desktop
― 無料&ノーコードRPAではじめる業務自動化

2025年 3月 5日　初版　第1刷発行

著　者　　株式会社 ASAHI Accounting Robot 研究所

発行者　　片岡　巖

発行所　　株式会社技術評論社
　　　　　東京都新宿区市谷左内町 21-13
　　　　　　　TEL：03-3513-6150（販売促進部）
　　　　　　　TEL：03-3513-6177（第5編集部）

印刷／製本　株式会社加藤文明社

定価はカバーに表示してあります。

本書の一部あるいは全部を著作権法の定める範囲を超え、無断で複写、複製、転載あるいはファイルを落とすことを禁じます。

©2025　株式会社 ASAHI Accounting Robot 研究所

造本には細心の注意を払っておりますが、万一、乱丁（ページの乱れ）や落丁（ページの抜け）がございましたら、小社販売促進部までお送りください。送料小社負担にてお取り替えいたします。

ISBN978-4-297-14734-1　C3055

Printed in Japan